教育部—神州数码网络教学改革合作项目成果教材

神州数码网络认证教材

创建高级路由型互联网实训手册

主　编　程庆梅

参　编　徐雪鹏　杜婉琛　岳大安　赵　飞
郭　薇　黄天生　赵　鹏　张向东
李亚峰　王吉忠　王永才　朱建英
吕　凯

机械工业出版社

本书围绕主教材《创建高级路由型互联网》的理论内容逐一展开，是主教材的配套实训教材。本书采用项目实训的方式组织网络路由技术实践，针对实际项目中常用的与路由紧密相关的技术和常见的解决方案展开实训活动，并通过部分提高实验，使学生完成对理论的检验，进一步加深对路由技术的理解以及路由器产品的安装、调试。每个实训都包含如下几方面内容：实训目的、应用环境、实训设备、实训拓扑、实训要求、实训步骤、注意事项和排错、共同思考和课后练习。本书内容详实，步骤清晰，并且针对重点和难点的步骤给予了特别的解析。

本书读者对象为：本科、职业院校开设计算机网络技术等专业相关课程的师生；参加各省市及全国职业技能大赛的师生；拟考取神州数码网络认证的人士（与工业和信息化部、人力资源和社会保障部联合认证事宜请参考神州数码网络有限公司网站www.dcnetworks.com.cn)；从事大中型局域网工程技术工作的人士以及热爱计算机网络技术的各界人士。

本书配套丰富的电子教学资源，包括网络课程、电子教案、演示文稿等，方便教师教学，需要者可联系责任编辑免费索取（010-88379194)，或联系神州数码网络有限公司相关业务人员索取。

图书在版编目（CIP）数据

创建高级路由型互联网实训手册/程庆梅主编．—北京：机械工业出版社，2009.11（2015.7重印）
教育部—神州数码网络教学改革合作项目成果教材．
ISBN 978-7-111-28620-2

Ⅰ．创… Ⅱ．程… Ⅲ．计算机网络—路由选择—技术手册
Ⅳ．TN915.05-62

中国版本图书馆CIP数据核字（2009）第195045号

机械工业出版社（北京市百万庄大街22号 邮政编码100037）
策划编辑：孔熹峻　　责任编辑：孔熹峻
封面设计：鞠　杨　　责任校对：姜　婷　　责任印制：乔　宇
三河市国英印务有限公司印刷

2015年7月第1版第4次印刷
184mm×260mm·13.25印张·328千字
9001—10000册
标准书号：ISBN 978-7-111-28620-2
定价：36.00元

凡购本书，如有缺页、倒页、脱页，由本社发行部调换

电话服务
社服务中心：(010) 88361066
销售一部：(010) 68326294
销售二部：(010) 88379649
读者购书热线：(010) 88379203

网络服务
门户网：http://www.cmpbook.com
教材网：http://www.cmpedu.com

序

神州数码网络大学

——专业网络工程师的培训基地

神州数码网络大学是神州数码网络有限公司的网络技术教育机构，是专业网络工程师的培训基地，旨在培训网络管理员、网络设计工程师、网络工程师、高级网络工程师、网络专家、网络互连专家等网络专业人才，帮助企业提升网络应用水平。

神州数码网络大学作为培训业界的中流砥柱，紧跟国际先进技术趋势，引领本土技术发展，拥有完善的认证体系、经验丰富的培训讲师、遍布全国的培训网点和网上标准化考试平台，先进的教学和实验设备，为学员提供良好的实战演练环境。神州数码网络大学秉承“学以致用”的教学宗旨，以由浅入深的标准化、本土化教学课程和正式出版的培训教材，更深入力行于网络教育与普及的领域，满足人们对网络的渴求与梦想，提高全民的网络品质！

神州数码网络大学按照技术应用场合的不同，充分考虑不同层次的学习需求，为客户及学习者提供了技术认证体系、规划认证体系，形成了全方位的网络技术认证体系课程内容。

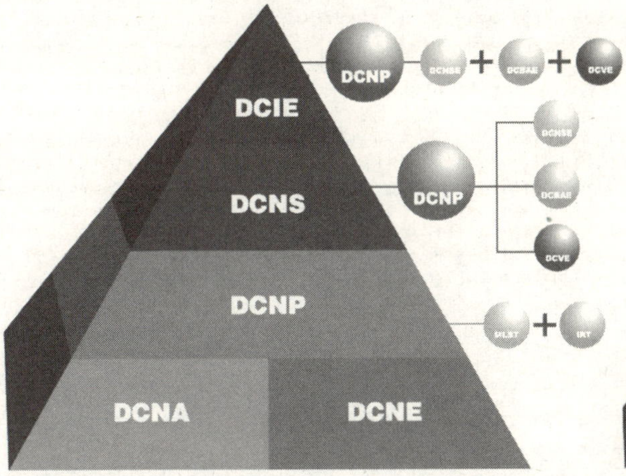

技术认证体系

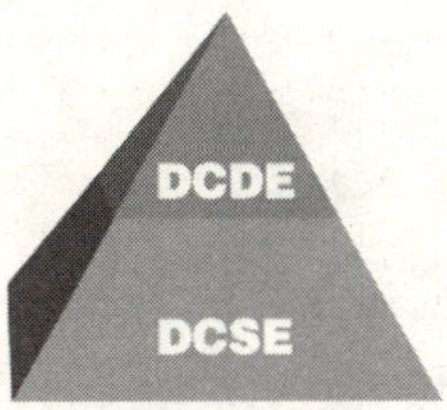

规划认证体系

神州数码网络大学根据不同背景的学习者分别建立了具有针对性课程体系的授权教育中心和网络技术学院，为社会学习者和在校学生提供了完整系统的培训服务。同时网络大学为每一位通过认证培训的学员颁发神州数码认证证书，此证书代表着当今网络界对一名从事网络技术工作人员的专业技术水准所给予的认可。

随着网络的迅速发展，为了更好地推动社会网络教育，我们开发了一系列的培训课程，其主要特点有两个：

一是“全”：目的是让初学者对网络有整体的了解，其中包括网络规划、布线系统、设备特性、产品调试、设备集成等网络方面的知识。

二是“精”：主要培养神州数码认证的网络设计工程师（DCDE）、网络管理员（DCNA）、网络工程师（DCNE）、高级网络工程师（DCNP）、网络专家（DCNS）和神州数码网络认证讲师（DCNI）、高级讲师（DCSI）。全部培训课程完全在真实的网络环境中讲授，并进行成功案例分析。经过神州数码网络认证的工程师完全具备利用神州数码全系列的网络产品，为用户提供全面网络解决方案的能力。

神州数码网络大学已经在北京、辽宁、吉林、黑龙江、内蒙古、广东、广西、福建、江苏、河南、安徽、四川、江西、陕西、山西、甘肃、山东、新疆等地建立了五十余家授权教育中心和网络技术学院，并将在今后继续拓展全国的培训合作发展。神州数码将与优秀的合作伙伴一道为用户提供以提升技术为基础的网络设计与实施能力的教育，共同打造神州数码认证品牌！

神州数码网络大学正在为您打开网络这扇门，二十一世纪的赢家就是您！

神州数码网络有限公司董事长
神州数码网络大学名誉校长

前　言

本书根据神州数码多年积累的项目实际应用编写，以信息产业人才需求为基本依据，以提高学生的职业能力和职业素养为宗旨，是一本实践性很强的实训教材，并且对职业院校师生参加各省市及全国职业技能大赛有一定的指导作用。

经过对多年实际项目的整合，本书编写体现了以下特点：

- 以就业为导向，以企业需求为依据。全书按照实际应用特点编写，全部案例来自企业一线，使学生在学校就可以接触实际案例，便于快速融入企业业务。
- 更加体现以综合职业素质为基础，以能力为本位。书中内容以实际操作过程为主线组织，辅以丰富的分析指导，使综合素质和能力培养更加突出。
- 书中涉及的计算机网络技术先进，设备型号领先，全部设备均为目前国内主流设备且为神州数码主打设备。
- 本书可以作为神州数码网络有限公司 DCNP-MLST 网上认证考试配套教材（相关事宜可登录公司网站 www.dcnetworks.com.cn 查询，与工业和信息化部、人力资源和社会保障部联合认证事宜也可在此网站查询），为学生获得企业资格认证和将来就业创造有利条件。同时，本书也可作为各省市及全国职业技能大赛的指导教材。
- 本书配有丰富的电子教学资源，包括网络课程、电子教案、演示文稿等，方便教师教学，需要者可联系责任编辑免费索取（010-88379194），或联系神州数码网络有限公司相关业务人员索取。

本书的编写力求达到以下目标：

- 体现"工作过程"的教、学统一理念。本书以"工作过程"的学习和训练为主要目标，在由浅入深地实验项目中，在真实的工作过程中详细讨论关键问题的解决方案。在具体实施时，也着力处处体现真实工作过程中的关键点和易错点的处理方法和思路。
- 体现"授之以渔"的方法论理念。本书与以往传统的实验教材不同之处在于：不仅详细介绍了操作步骤，更带领读者进一步分析每个步骤结果的不同，其原因在于何处，并且进一步分析可能的问题来自于哪里，结合理论教材深入理解实验结果，充分体现重理解、轻命令的教学理念。

如何使用本书：

1. 关于图标

本书图标采用神州数码图标库标准图标，除真实设备外，所有逻辑示意均使用如下图标。

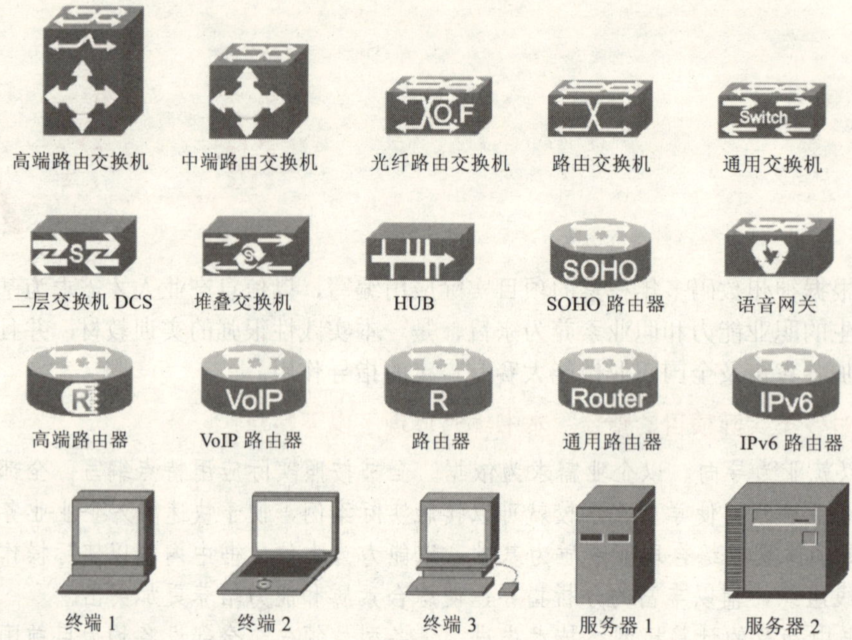

2．关于课程组织

- 本书为学生用书，可在课堂上用于理解教师授课使用。
- 本书是主教材（理论教材）配套的实训手册，作为学生完成理论学习后实验过程的指导用书。
- 建议理论与实践结合，本书适合在实训室完成教学过程。

3．关于配套设备

本书配套实训设备的购置可参考神州数码网站，或联系神州数码网络有限公司业务接口人进行办理。

4．关于小贴士

本书使用 4 种贴士，如下所示：

- 小学堂：一般为非正式的知识讲解。
- 提醒：实际项目中容易出现问题和理解偏差的过程。
- 小常识：非正式的常识，需要了解但不是重点。
- 提问：帮助深入思考的，通常结合上下文可自行解决，认证考试中包含。

本书由程庆梅主编，参与编写的主要人员有：神州数码网络大学教材编委会成员——徐雪鹏、杜婉琛、岳大安、赵飞、郭薇、黄天生、赵鹏、张向东、李亚峰、王吉忠、王永才、朱建英、吕凯。

同时，在编写和审校的过程中，也得到了许多来自合作伙伴院校一线老师的意见和建议。他们是北京市供销学校赵鹏老师、北京市金驼技术学校葛久平老师、天津中华职专阴海涛老师、贵州电子信息职业技术学院曹炯清老师、福建信息职业技术学院李宏达和詹可强老师、漳州职业技术学院章忠宪和郑东升老师、广州市番禺区工贸职业技术学校赵宏胜老师等。

在此特向参与编审的各界人士提供的大力支持表示衷心的感谢！

本书的主体内容已经在实践中使用多次，但由于编者水平所限，疏漏之处在所难免，敬请广大读者批评指正，编者邮箱：dcnu_2007@163.com。

编　者

目 录

实训一　静态路由掩码最长匹配实训

实训目的

1．理解路由表查询规则
2．进一步熟悉静态路由配置方法
3．进一步熟悉路由表各种参数

应用环境

面对当前 IP 地址资源匮乏的形势，很多企业采用子网的方式设置局域网环境。如果在三层设备中为每一个子网提供一条确切的路由，当然是最标准的路由设置方法，但这样也会造成三层设备的路由表变大，因此，查询效率受到一定的影响。比较合理的做法就是将可能合并成一个大网的子网在路由表中进行汇总，使它们通过一条路由查询到出口。这样做会提升查询效率，但同时也要求必须对全网的子网分布作合理规划，否则会因为路由表的查询原则造成网络的连通问题。本实训集中讨论关于路由表掩码最长匹配原则，主要针对 VLSM 环境进行讨论。

实训设备

1．两台路由器（本实训采用 DCR-2626 两台）
2．两台 PC
3．若干网线

实训拓扑

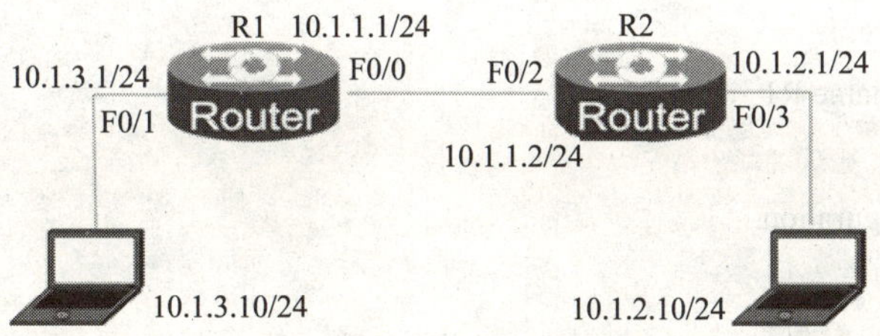

实训要求

1．配置基础环境

2．配置 R1 和 R2 使用静态路由

R1 添加：

ip route 10.0.0.0 255.0.0.0 10.1.1.2

ip route 10.1.2.0 255.255.255.0 10.1.3.10

R2 添加：

ip route 10.0.0.0 255.0.0.0 10.1.1.1

ip route 10.1.3.0 255.255.255.0 10.1.2.10

3．测试 PC 之间的连通性，理解为什么

4．将两台路由器的后一条路由删除，继续测试，理解为什么

实训步骤

1．基础环境配置

	R1	R2
F0/0	10.1.1.1/24	10.1.1.2/24
F0/1	10.1.3.1/24	
F0/3		10.1.2.1/24

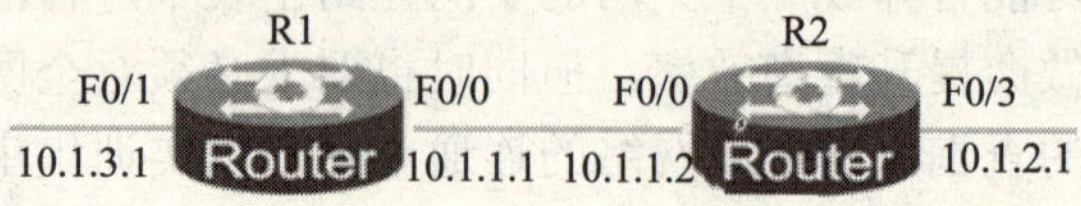

本实训使用 F0/0 互联两台路由器，其中，R1 的 F0/1 连接 PC1，R2 的 F0/3 连接 PC2。基础环境配置如下：

```
-----------------------------------R1-----------------------------------
Router#
Router#config
Router_config#interface fastEthernet 0/0
Router_config_f0/0#ip address 10.1.1.1 255.255.255.0
Router_config_f0/0#exit
Router_config#interface fastEthernet 0/1
Router_config_f0/1#ip add 10.1.3.1 255.255.255.0
Router_config_f0/1#exit
Router_config#hostname R1
R1_config#write
Saving current configuration...
OK!
R1_config#
```

```
-----------------------------------R2-----------------------------------
Router_config#interface fastEthernet 0/0
Router_config_f0/0#ip add 10.1.1.2 255.255.255.0
Router_config_f0/0#exit
Router_config#ping 10.1.1.1
PING 10.1.1.1 (10.1.1.1): 56 data bytes
!!!!!
--- 10.1.1.1 ping statistics ---
5 packets transmitted, 5 packets received, 0% packet loss
round-trip min/avg/max = 0/0/0 ms
Router_config#interface fastEthernet 0/3
Router_config_f0/3#ip add 10.1.2.1 255.255.255.0
Router_config_f0/3#exit
Router_config#hostname R2
R2_config#wr
Saving current configuration...
OK!
R2_config#
```

注意：以上已经验证了两台路由器之间单条链路的连通性。

2．配置静态路由

```
-----------------------------------R1-----------------------------------
R1_config#ip route 10.0.0.0 255.0.0.0 10.1.1.2
R1_config#ip route 10.1.2.0 255.255.255.0 10.1.3.10
-----------------------------------R2-----------------------------------
R2_config#ip route 10.0.0.0 255.0.0.0 10.1.1.1
R2_config#ip route 10.1.3.0 255.255.255.0 10.1.2.10
```

3．查看路由表

```
-----------------------------------R1-----------------------------------
R1#show ip route
Codes: C - connected, S - static, R - RIP, B - BGP, BC - BGP connected
       D - DEIGRP, DEX - external DEIGRP, O - OSPF, OIA - OSPF inter area
       ON1 - OSPF NSSA external type 1, ON2 - OSPF NSSA external type 2
       OE1 - OSPF external type 1, OE2 - OSPF external type 2
       DHCP - DHCP type
```

```
VRF ID: 0

S       10.0.0.0/8          [1,0] via 10.1.1.2(on FastEthernet0/0)
C       10.1.1.0/24         is directly connected, FastEthernet0/0
S       10.1.2.0/24         [1,0] via 10.1.3.10(on FastEthernet0/1)
C       10.1.3.0/24         is directly connected, FastEthernet0/1
R1#
-----------------------------------R2-----------------------------------
R2#show ip route
Codes: C - connected, S - static, R - RIP, B - BGP, BC - BGP connected
       D - DEIGRP, DEX - external DEIGRP, O - OSPF, OIA - OSPF inter area
       ON1 - OSPF NSSA external type 1, ON2 - OSPF NSSA external type 2
       OE1 - OSPF external type 1, OE2 - OSPF external type 2
       DHCP - DHCP type

VRF ID: 0

S       10.0.0.0/8          [1,0] via 10.1.1.1(on FastEthernet0/0)
C       10.1.1.0/24         is directly connected, FastEthernet0/0
C       10.1.2.0/24         is directly connected, FastEthernet0/3
S       10.1.3.0/24         [1,0] via 10.1.2.10(on FastEthernet0/3)
R2#
```

4．测试连通性

```
-----------------------------------PC1-----------------------------------
C:\>ipconfig

Windows IP Configuration

Ethernet adapter 本地连接:

        Connection-specific DNS Suffix   . :
        IP Address. . . . . . . . . . . . : 10.1.2.10
        Subnet Mask . . . . . . . . . . . : 255.255.255.0
        Default Gateway . . . . . . . . . : 10.1.2.1
C:\>ping 10.1.2.1

Pinging 10.1.2.1 with 32 bytes of data:
```

```
Reply from 10.1.2.1: bytes=32 time<1ms TTL=255
Reply from 10.1.2.1: bytes=32 time<1ms TTL=255
Reply from 10.1.2.1: bytes=32 time<1ms TTL=255
Reply from 10.1.2.1: bytes=32 time<1ms TTL=255

Ping statistics for 10.1.2.1:
    Packets: Sent = 4, Received = 4, Lost = 0 (0% loss),
Approximate round trip times in milli-seconds:
Minimum = 0ms, Maximum = 0ms, Average = 0ms
C:\>ping 10.1.3.1

Pinging 10.1.3.1 with 32 bytes of data:

Request timed out.
Request timed out.
Request timed out.
Request timed out.

Ping statistics for 10.1.3.1:
Packets: Sent = 4, Received = 0, Lost = 4 (100% loss),
```

此时看到 PC1 到 10.1.3.1 是连不通的，进一步跟踪路径得到：

```
C:\>tracert 10.1.3.10

Tracing route to 10.1.3.10 over a maximum of 30 hops

  1     <1 ms     <1 ms     <1 ms     10.1.2.1
  2       *         *         *       Request timed out.
  3   ^C
C:\>
```

此时查看到问题出在 10.1.2.1 的下一步无法到达。

注意：PC2 情况类似，此处略。

5．问题分析和解决

从上一步，我们了解是因为 10.1.2.1 的路由出了问题所以不能连通，因此回顾 R2 的路由表有如下项：

```
S       10.1.3.0/24          [1,0] via 10.1.2.10(on FastEthernet0/3)
S       10.0.0.0/8           [1,0] via 10.1.1.1(on FastEthernet0/0)
```

由于目标为 10.1.3.0 网络的成员，因此根据最长匹配的原则，这里从 F0/3 口发送出去，显然它找不到正确的位置了，解决上述问题，有两种办法：

1）将目标地址改为其他网段，比如 10.1.4.0，这样通过路由表，R2 会将数据从 f0/0 发送出去，因此可以到达，但这需要更改 R1 的接口地址为 10.1.4.1，此步骤作为课后练习。

2）更改静态路由配置，具体修改方法如下：

-----R1------删除 10.1.3.0 的路由

-----R1------删除 10.1.2.0 的路由

在设备实现如下：

```
----------------------------------R1----------------------------------
R1_config#no ip route 10.1.2.0 255.255.255.0 10.1.3.10
R1_config#sh ip route
Codes: C - connected, S - static, R - RIP, B - BGP, BC - BGP connected
       D - DEIGRP, DEX - external DEIGRP, O - OSPF, OIA - OSPF inter area
       ON1 - OSPF NSSA external type 1, ON2 - OSPF NSSA external type 2
       OE1 - OSPF external type 1, OE2 - OSPF external type 2
       DHCP - DHCP type

VRF ID: 0

S     10.0.0.0/8        [1,0] via 10.1.1.2(on FastEthernet0/0)
C     10.1.1.0/24       is directly connected, FastEthernet0/0
C     10.1.3.0/24       is directly connected, FastEthernet0/1
R1_config#
----------------------------------R2----------------------------------

R2_config#no ip route 10.1.3.0 255.255.255.0 10.1.2.10
R2_config#show ip route
Codes: C - connected, S - static, R - RIP, B - BGP, BC - BGP connected
       D - DEIGRP, DEX - external DEIGRP, O - OSPF, OIA - OSPF inter area
       ON1 - OSPF NSSA external type 1, ON2 - OSPF NSSA external type 2
       OE1 - OSPF external type 1, OE2 - OSPF external type 2
       DHCP - DHCP type

VRF ID: 0

S     10.0.0.0/8        [1,0] via 10.1.1.1(on FastEthernet0/0)
C     10.1.1.0/24       is directly connected, FastEthernet0/0
C     10.1.2.0/24       is directly connected, FastEthernet0/3
R2_config#
```

再次测试连通性：

```
C:\>ping 10.1.3.10

Pinging 10.1.3.10 with 32 bytes of data:

Reply from 10.1.3.10: bytes=32 time=2ms TTL=126
Reply from 10.1.3.10: bytes=32 time<1ms TTL=126
Reply from 10.1.3.10: bytes=32 time<1ms TTL=126
Reply from 10.1.3.10: bytes=32 time<1ms TTL=126

Ping statistics for 10.1.3.10:
    Packets: Sent = 4, Received = 4, Lost = 0 (0% loss),
Approximate round trip times in milli-seconds:
Minimum = 0ms, Maximum = 2ms, Average = 0ms
```

此时已经可以连通。

注意事项和排错

1）实训时在第一步即将设备 hostname 改为与拓扑图一致的状态，有助于实训的顺利进行。

2）本实训最终设置的静态路由的掩码并非最优方案，只是本实训测试目的，请正常设置静态路由时不要完全效仿。

3）如果实训过程中发生静态路由无法写入路由表的情况，请查看静态路由指向的下一跳所对应端口是否处于 UP 状态。

配置文档

----------------------------R1----------------------------	----------------------------R2----------------------------
R1#sh ru	R2#sh ru
Building configuration...	Building configuration...
Current configuration:	Current configuration:
!	!
!version 1.3.3G	!version 1.3.3G
service timestamps log date	service timestamps log date
service timestamps debug date	service timestamps debug date
no service password-encryption	no service password-encryption
!	!
hostname R1	hostname R2

（续）

R1	R2
gbsc group default ! interface FastEthernet0/0 ip address 10.1.1.1 255.255.255.0 no ip directed-broadcast ! interface FastEthernet0/1 ip address 10.1.3.1 255.255.255.0 no ip directed-broadcast ! interface Serial0/2 no ip address no ip directed-broadcast ! interface Serial0/3 no ip address no ip directed-broadcast ! interface Async0/0 no ip address no ip directed-broadcast ! ip route 10.0.0.0 255.0.0.0 10.1.1.2 R1#	gbsc group default interface FastEthernet0/0 ip address 10.1.1.2 255.255.255.0 no ip directed-broadcast ! interface FastEthernet0/3 ip address 10.1.2.1 255.255.255.0 no ip directed-broadcast ! interface Serial0/1 no ip address no ip directed-broadcast ! interface Serial0/2 no ip address no ip directed-broadcast ! interface Async0/0 no ip address no ip directed-broadcast ! ip route 10.0.0.0 255.0.0.0 10.1.1.1 R2#

共同思考

动态路由环境中，本实训第 4 步这样的情形会不会出现？请尝试画出典型的拓扑。

课后练习

尝试实现第 5 步中的第 1）种修改方式。

实训二　浮动路由的配置

实训目的

1．掌握静态路由 Metric 的配置方法
2．理解度量值的含义
3．进一步熟悉路由表结构

应用环境

对于提供冗余路由的环境，管理员总是希望优先使用优质路由，在优质路由出现问题的时候再启用较稳定但效率不高或费用很高的线路继续维持连通性。通过对度量值的调整可以灵活地改动当前的活跃路由选取过程。

通常的做法就是将优质路由的度量值调整低一些，而把非优质的路由度量值设置相对较高，这样当优质路由不再存在，非优质路由就会“浮”上路由表。

实训设备

1．两台路由器
2．两台 PC
3．背对背线缆
4．若干网线

实训拓扑

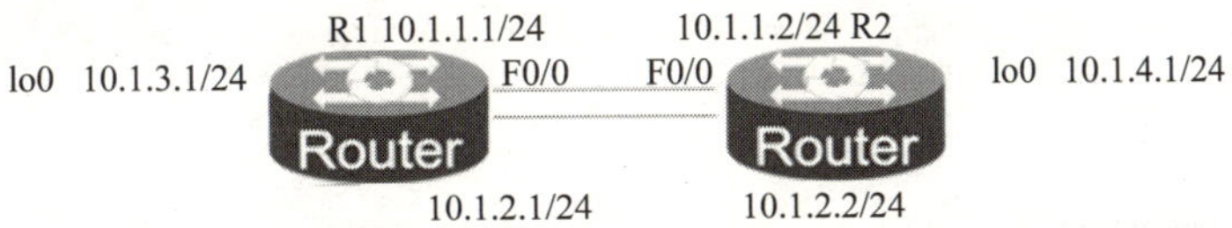

实训要求

1．配置基础网络

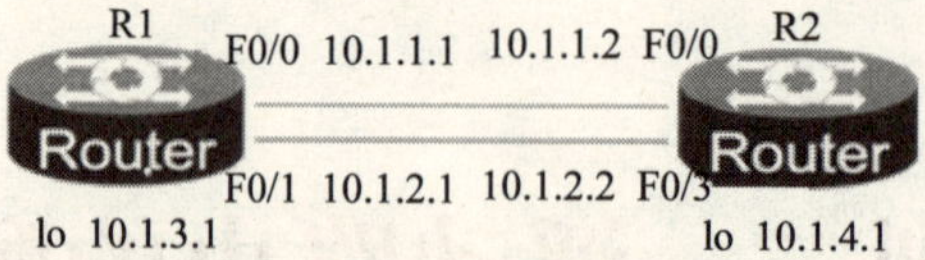

2．配置 R1 的静态路由，到达网络 10.1.2.0 分别经过 10.1.1.2（度量值为 10）和 10.1.4.2（度量值为 20）

3．查看当两条线路都存在的时候，哪条静态路由被写入路由表，主链路被 shut 后又如何

实训步骤

1．配置基础网络

本实训中使用路由器各自的两个以太口来互连，其配置如下所示：

	F0/0	F0/1	F0/3	Loopback0
R1	10.1.1.1/24	10.1.2.1/24	无	10.1.3.1/24
R2	10.1.1.2/24	无	10.1.2.2/24	10.1.4.1/24

配置过程如下：

```
----------------------------------R1----------------------------------
Router#config
Router_config#hostname R1
R1_config#interface fastEthernet 0/0
R1_config_f0/0#ip address 10.1.1.1 255.255.255.0
R1_config_f0/0#exit
R1_config# interface fastEthernet 0/1
R1_config_f0/1#ip address 10.1.2.1 255.255.255.0
R1_config_f0/1#exit
R1_config#interface loopback 0
R1_config_l0#ip add 10.1.3.1 255.255.255.0
R1_config_l0#exit
R1_config#exit
R1#
----------------------------------R1----------------------------------
Router#config
Router_config#hostname R2
R2_config# interface fastEthernet 0/0
R2_config_f0/0#ip address 10.1.1.2 255.255.255.0
R2_config_f0/0#exit
R2_config#interface fastEthernet 0/3
```

```
R2_config_f0/3#ip add 10.1.2.2 255.255.255.0
R2_config_f0/3#exit
R2_config#interface loopback 0
R2_config_l0# ip address 10.1.4.1 255.255.255.0
R2_config_l0#exit
R2_config#exit
R2#Jan   1 00:09:10 Configured from console 0 by UNKNOWN
```

2. 配置 R1 的静态路由

到达网络 10.1.4.0 分别经过 10.1.1.2（度量值为 10）和 10.1.2.2（度量值为 20）。

过程如下：

```
R1_config#ip route 10.1.4.0 255.255.255.0 10.1.1.2 10
R1_config#ip route 10.1.4.0 255.255.255.0 10.1.2.2 20
R1_config#
```

查看路由表如下：

```
R1#show ip route
Codes: C - connected, S - static, R - RIP, B - BGP, BC - BGP connected
       D - DEIGRP, DEX - external DEIGRP, O - OSPF, OIA - OSPF inter area
       ON1 - OSPF NSSA external type 1, ON2 - OSPF NSSA external type 2
       OE1 - OSPF external type 1, OE2 - OSPF external type 2
       DHCP - DHCP type

VRF ID: 0

C       10.1.1.0/24       is directly connected, FastEthernet0/0
C       10.1.2.0/24       is directly connected, FastEthernet0/1
C       10.1.3.0/24       is directly connected, Loopback0
S       10.1.4.0/24       [10,0] via 10.1.1.2(on FastEthernet0/0)
R1#
```

注意：上述路由表中到达 10.1.4.0 网络的度量值与我们设置的是一致的，接下来，将 F0/0 端口 shut 掉，再次查看路由表。

```
R1_config#interface fastEthernet 0/0
R1_config_f0/0#shut
R1_config_f0/0#exit
R1_config#show ip route
Codes: C - connected, S - static, R - RIP, B - BGP, BC - BGP connected
       D - DEIGRP, DEX - external DEIGRP, O - OSPF, OIA - OSPF inter area
       ON1 - OSPF NSSA external type 1, ON2 - OSPF NSSA external type 2
       OE1 - OSPF external type 1, OE2 - OSPF external type 2
```

```
DHCP - DHCP type

VRF ID: 0

C       10.1.2.0/24         is directly connected, FastEthernet0/1
C       10.1.3.0/24         is directly connected, Loopback0
S       10.1.4.0/24         [20,0] via 10.1.2.2(on FastEthernet0/1)
R1_config#
```

注意：此时的度量值为 20 的静态路由已经生效了。

注意事项和排错

1. 从路由器中测试连通性的影响

```
R1#ping 10.1.2.2
PING 10.1.2.2 (10.1.2.2): 56 data bytes
!!!!!
--- 10.1.2.2 ping statistics ---
5 packets transmitted, 5 packets received, 0% packet loss
round-trip min/avg/max = 0/0/0 ms
R1#ping 10.1.4.1
PING 10.1.4.1 (10.1.4.1): 56 data bytes
!!!!!
--- 10.1.4.1 ping statistics ---
5 packets transmitted, 5 packets received, 0% packet loss
round-trip min/avg/max = 0/0/0 ms
R1#ping 10.1.4.1 -i 10.1.3.1
PING 10.1.4.1 (10.1.4.1): 56 data bytes
....
--- 10.1.4.1 ping statistics ---
5 packets transmitted, 0 packets received, 100% packet loss
R1#
```

注意：上面的过程显示从 R1 出发 Ping10.1.2.2 是可以通的，表明链路没有问题，再 ping10.1.4.1 也是可以通的，但以 10.1.3.1 为源地址出发 ping 10.1.4.1 却不通了，原因何在？

原因在于我们还没有为 R2 配置返回的路由，因此，解决上述问题的办法就是为 R2 配置合适的静态路由，过程如下：

```
R2_config#ip route 10.1.3.0 255.255.255.0 10.1.1.1 10
R2_config#ip route 10.1.3.0 255.255.255.0 10.1.2.1 20
R2_config#exit
R2#Jan   1 00:26:20 Configured from console 0 by UNKNOWN
show ip route
Codes: C - connected, S - static, R - RIP, B - BGP, BC - BGP connected
       D - DEIGRP, DEX - external DEIGRP, O - OSPF, OIA - OSPF inter area
       ON1 - OSPF NSSA external type 1, ON2 - OSPF NSSA external type 2
       OE1 - OSPF external type 1, OE2 - OSPF external type 2
       DHCP - DHCP type

VRF ID: 0

C       10.1.1.0/24         is directly connected, FastEthernet0/0
C       10.1.2.0/24         is directly connected, FastEthernet0/3
S       10.1.3.0/24         [10,0] via 10.1.1.1(on FastEthernet0/0)
C       10.1.4.0/24         is directly connected, Loopback0
R2#
```

再次测试连通性

```
R1#ping 10.1.4.1 -i 10.1.3.1
PING 10.1.4.1 (10.1.4.1): 56 data bytes
....
--- 10.1.4.1 ping statistics ---
5 packets transmitted, 0 packets received, 100% packet loss
R1#
```

还是没有连通，这又是为什么？

2．故障排查

分析上面的 R2 路由表，我们得到一条静态路由

```
S       10.1.3.0/24         [10,0] via 10.1.1.1(on FastEthernet0/0)
```

由此我们知道，从 R2 去往 10.1.3.0 网络的数据（R1 以 10.1.3.1 为源地址所发 ping 包的返回数据）需要从 f0/0 口发送给 R1，而此时 R1 的 F0/0 端口是 shut 状态，因此无法通信。

解决办法就是把 R2 的 F0/0 口也 shut 掉或者将 f0/0 端口的线缆拔掉。过程如下：

```
R2_config#interface fastethernet 0/0
R2_config_f0/0#shut
R2_config_f0/0#exit
R2_config#exit
R2#sh ip route
```

```
Codes: C - connected, S - static, R - RIP, B - BGP, BC - BGP connected
       D - DEIGRP, DEX - external DEIGRP, O - OSPF, OIA - OSPF inter area
       ON1 - OSPF NSSA external type 1, ON2 - OSPF NSSA external type 2
       OE1 - OSPF external type 1, OE2 - OSPF external type 2
       DHCP - DHCP type

VRF ID: 0

C      10.1.2.0/24          is directly connected, FastEthernet0/3
S      10.1.3.0/24          [20,0] via 10.1.2.1(on FastEthernet0/3)
C      10.1.4.0/24          is directly connected, Loopback0
R2#
```

此时再次测试连通性如下：

```
R1#ping 10.1.4.1 -i 10.1.3.1
PING 10.1.4.1 (10.1.4.1): 56 data bytes
!!!!!
--- 10.1.4.1 ping statistics ---
5 packets transmitted, 5 packets received, 0% packet loss
round-trip min/avg/max = 0/0/0 ms
R1#
```

问题已经解决。

配置文档

------------------------------R1------------------------------	------------------------------R2------------------------------
R1#show ru	R2#sh ru
Building configuration...	Building configuration...
Current configuration:	Current configuration:
!	!
!version 1.3.3G	!version 1.3.3G
service timestamps log date	service timestamps log date
service timestamps debug date	service timestamps debug date
no service password-encryption	no service password-encryption
!	!
hostname R1	hostname R2
!	!
gbsc group default	gbsc group default
!	!
!	!

（续）

<table>
<tr>
<td>

```
Interface Loopback0
 ip address 10.1.3.1 255.255.255.0
 no ip directed-broadcast
!
interface FastEthernet0/0
 ip address 10.1.1.1 255.255.255.0
 no ip directed-broadcast
 shutdown
!
interface FastEthernet0/1
 ip address 10.1.2.1 255.255.255.0
 no ip directed-broadcast
!
interface Serial0/2
 no ip address
 no ip directed-broadcast
!
interface Serial0/3
 no ip address
 no ip directed-broadcast
!
interface Async0/0
 no ip address
 no ip directed-broadcast
!
ip route 10.1.4.0 255.255.255.0 10.1.2.2 20
ip route 10.1.4.0 255.255.255.0 10.1.1.2 10
!
```

</td>
<td>

```
interface Loopback0
 ip address 10.1.4.1 255.255.255.0
 no ip directed-broadcast
!
interface FastEthernet0/0
 ip address 10.1.1.2 255.255.255.0
 no ip directed-broadcast
 shutdown
!
interface FastEthernet0/3
 ip address 10.1.2.2 255.255.255.0
 no ip directed-broadcast
!
interface Serial0/1
 no ip address
 no ip directed-broadcast
!
interface Serial0/2
 no ip address
 no ip directed-broadcast
!
interface Async0/0
 no ip address
 no ip directed-broadcast
!
ip route 10.1.3.0 255.255.255.0 10.1.2.1 20
ip route 10.1.3.0 255.255.255.0 10.1.1.1 10
!
```

</td>
</tr>
</table>

共同思考

为什么刚刚使用 shut 命令时，只是本端的路由器将相关的静态路由改动了，而对端却没有变化？

是否有可能通过更改静态路由的管理距离值，使它们可以成为动态路由的浮动路由？

课后练习

尝试设置不同的 IP 地址重新进行设置。

实训三　ICMP 重定向实训

实训目的

1．理解 ICMP 重定向存在环境
2．进一步熟悉 ICMP 报文结构

应用环境

多出口环境中，PC 终端的路由选择完全可以通过 ICMP 重定向来操做，而不需要为终端 PC 配置多个网络的出口。使用 ICMP 重定向，只要环境中的路由设备能够拥有正确的路由信息，PC 就可以通过 ICMP 重定向报文找到每个网络的正确出口路由了。

实训设备

1．两台 PC
2．两台路由器
3．一台交换机
4．若干网线

实训拓扑

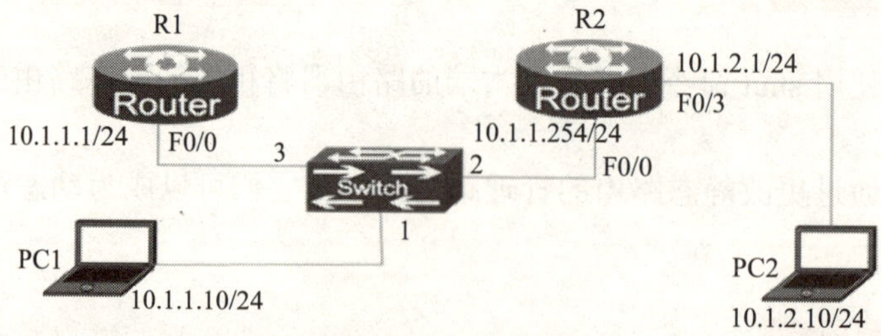

实训要求

1．配置基础环境，注意 PC1 的网关配置为 10.1.1.1，PC2 的网关配置为 10.1.2.1

2．配置 R1 的路由 ip route 10.1.2.0 255.255.255.0 10.1.1.254
3．在 PC1 中开启抓包软件，启动抓取 ICMP 协议报文
4．在 PC1 开启持续的 PING pc2
5．停止捕获，查看 ICMP 报文，重点关注 ECHO 报文

实训步骤

1．配置基础环境

	R1	R2
F0/0	10.1.1.1/24	10.1.1.254/24
F0/3		10.1.2.1/24

```
--------------------------------R1--------------------------------
Router#config
Router_config#hostname R1
R1_config#interface fastEthernet 0/0
R1_config_f0/0#ip add 10.1.1.1 255.255.255.0
R1_config_f0/0#exit
R1_config#ip route 10.1.2.0 255.255.255.0 10.1.1.254
R1_config#exit
R1#
--------------------------------R2--------------------------------
Router#config
Router_config#hostname R2
R2_config#interface fastEthernet 0/0
R2_config_f0/0#ip add 10.1.1.254 255.255.255.0
R2_config_f0/0#exit
R2_config#interface fastEthernet 0/3
R2_config_f0/3#ip add 10.1.2.1 255.255.255.0
R2_config_f0/3#exit
R2_config#exit
R2#wr
Saving current configuration...
OK!
R2#Jan   1 00:01:52 Configured from console 0 by UNKNOWN
```

2．PC1 启动抓包软件，本实训使用 sniffer

启动后，定义一个过滤器，如下所示：

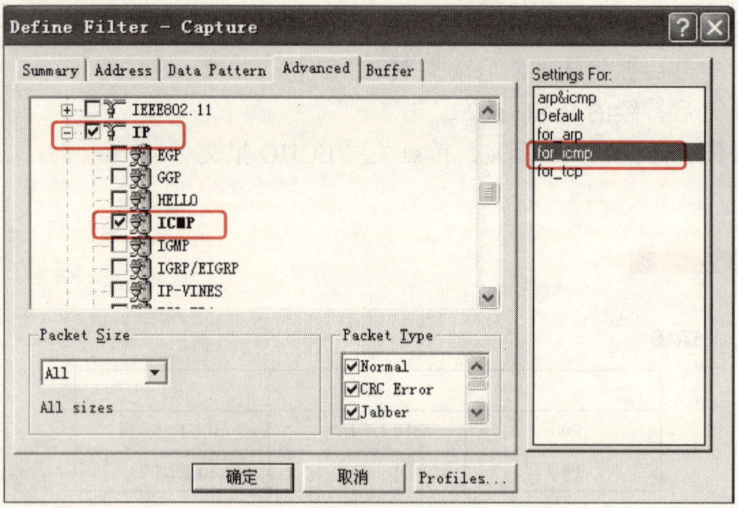

启动抓包过程后，在 PC1 中开启一次 ping 过程，如下所示：

```
C:\Documents and Settings\Administrator>ping 10.1.2.10

Pinging 10.1.2.10 with 32 bytes of data:

Reply from 10.1.2.10: bytes=32 time=1ms TTL=127
Reply from 10.1.2.10: bytes=32 time<1ms TTL=127
Reply from 10.1.2.10: bytes=32 time<1ms TTL=127
Reply from 10.1.2.10: bytes=32 time<1ms TTL=127

Ping statistics for 10.1.2.10:
    Packets: Sent = 4, Received = 4, Lost = 0 (0% loss),
Approximate round trip times in milli-seconds:
    Minimum = 0ms, Maximum = 1ms, Average = 0ms

C:\Documents and Settings\Administrator>
```

查看抓包结果，我们看到抓取了 9 个 ICMP 数据，打开编码，如下：

Source Address	Dest Address	Summary
[10.1.1.10]	[10.1.2.10]	ICMP: Echo
[10.1.1.1]	[10.1.1.10]	Expert: ICMP Redirect for Host
		ICMP: Redirect (Redirect datagrams for the host)
[10.1.2.10]	[10.1.1.10]	ICMP: Echo reply
[10.1.1.10]	[10.1.2.10]	ICMP: Echo
[10.1.2.10]	[10.1.1.10]	ICMP: Echo reply
[10.1.1.10]	[10.1.2.10]	ICMP: Echo
[10.1.2.10]	[10.1.1.10]	ICMP: Echo reply
[10.1.1.10]	[10.1.2.10]	ICMP: Echo
[10.1.2.10]	[10.1.1.10]	ICMP: Echo reply

注意：到第一个 echo 包的目的 MAC 地址是 10.1.1.1 的 MAC，如下：

```
00 e0 0f 27 be 70 00 c0 9f bf 99 47 08 00 45 00
00 3c 46 e3 00 00 80 01 dc c8 0a 01 01 0a 0a 01
02 0a 08 00 2d 5b 02 00 1e 01 61 62 63 64 65 66
67 68 69 6a 6b 6c 6d 6e 6f 70 71 72 73 74 75 76
77 61 62 63 64 65 66 67 68 69
```

3. 查看 ICMP 重定向报文

注意：上图中第二个数据就是一个重定向报文，查看细节如下：

```
IP: Header checksum = A9A7 (correct)
IP: Source address      = [10.1.1.1]
IP: Destination address = [10.1.1.10]
IP: No options
IP:
ICMP: ----- ICMP header -----
ICMP:
ICMP: Type = 5 (Redirect)
ICMP: Code = 1 (Redirect datagrams for the host)
ICMP: Checksum = 99A3 (correct)
ICMP: Gateway internet address = [10.1.1.254]
```

这个重定向数据包的含义可以理解为：我是 10.1.1.1，现在给 10.1.1.10 发一个消息，告诉它它的网关应该是 10.1.1.254，请今后直接给它发包，不用再给我了。

从终端来看，它将记录下这个信息到自己的路由表中，如下所示为此时终端的路由表

```
C:\Documents and Settings\Administrator>route print
===========================================================================
Interface List
0x1 ........................... MS TCP Loopback interface
0xa0002 ...00 c0 9f bf 99 47 ...... Realtek RTL8139 Family PCI Fast Ethernet
 #2 - 数据包计划程序微型端口
===========================================================================
===========================================================================
Active Routes:
Network Destination        Netmask          Gateway       Interface  Metric
          0.0.0.0          0.0.0.0         10.1.1.1      10.1.1.10       20
         10.1.1.0    255.255.255.0        10.1.1.10      10.1.1.10       20
        10.1.1.10  255.255.255.255        127.0.0.1      127.0.0.1       20
        10.1.2.10  255.255.255.255       10.1.1.254      10.1.1.10       1
   10.255.255.255  255.255.255.255        10.1.1.10      10.1.1.10       20
        127.0.0.0        255.0.0.0        127.0.0.1      127.0.0.1       1
        224.0.0.0        240.0.0.0        10.1.1.10      10.1.1.10       20
  255.255.255.255  255.255.255.255        10.1.1.10      10.1.1.10       1
Default Gateway:          10.1.1.1
===========================================================================
Persistent Routes:
  None
```

这里表示，这台 PC 已经知道了去往 10.1.2.10 直接给 10.1.1.254 去发数据。

4. 查看后续的 ECHO 报文

```
00 e0 0f 9c 6e c9 00 c0 9f bf 99 47 08 00 45 00
00 3c 46 e4 00 00 80 01 dc c7 0a 01 01 0a 0a 01
02 0a 08 00 2c 5b 02 00 1f 01 61 62 63 64 65 66
67 68 69 6a 6b 6c 6d 6e 6f 70 71 72 73 74 75 76
77 61 62 63 64 65 66 67 68 69
```

我们看到，目的 MAC 地址已经变成 10.1.1.254 的 MAC 而不是第一个 ECHO 报文的 10.1.1.1 的 MAC 地址了。

注意事项和排错

1）如果在抓包之前已经做过 Ping 的测试，那么抓包再次 Ping 是无法获取重定向的，只能通过 route delete 命令将 PC 的路由表中关于重定向的新路由删除，再次抓包即可。

2）本实训没有抓取 ARP 数据，因此主机如何获取 10.1.1.254 的 MAC 地址没有讨论。

配置文档

------------------------------R1------------------------------	------------------------------R2------------------------------
R1#sh ru	R2#sh ru
Building configuration...	Building configuration...
Current configuration:	Current configuration:
!	!
!version 1.3.3G	!version 1.3.3G
service timestamps log date	service timestamps log date
service timestamps debug date	service timestamps debug date
no service password-encryption	no service password-encryption
!	!
hostname R1	hostname R2
!	!
gbsc group default	gbsc group default
!	!
interface FastEthernet0/0	interface FastEthernet0/0
ip address 10.1.1.1 255.255.255.0	ip address 10.1.1.254 255.255.255.0
no ip directed-broadcast	no ip directed-broadcast
!	!
interface FastEthernet0/1	interface FastEthernet0/3
no ip address	ip address 10.1.2.1 255.255.255.0
no ip directed-broadcast	no ip directed-broadcast
!	!
interface Serial0/2	interface Serial0/1
no ip address	no ip address
no ip directed-broadcast	no ip directed-broadcast
!	!
interface Serial0/3	interface Serial0/2
no ip address	no ip address
no ip directed-broadcast	no ip directed-broadcast

（续）

!	!
interface Async0/0	interface Async0/0
no ip address	no ip address
no ip directed-broadcast	no ip directed-broadcast
!	!
ip route 10.1.2.0 255.255.255.0 10.1.1.254	!

共同思考

1）这样的配置方法与在 PC 中配置两个网关的方法有什么异同？

2）ICMP 的重定向报文类型号是多少？它是怎样进行封装的？

课后练习

在 R1 和 R2 之间使用动态路由协议如 RIP，将静态路由去掉，重复实训过程。

实训四　RIPv1 与 RIPv2 的兼容

实训目的

1. 进一步了解 RIP 版本 1 和版本 2 之间的差异
2. 掌握 RIP 两个版本共存环境的配置
3. 熟悉 RIP 协议的更新方式

应用环境

网络协议的设计总是提供向后和向前的兼容性的，在 RIP 版本 1 和版本 2 共存的环境中，通常也可以使用配置的方式进行兼容，而不必一定统一调整为版本 2 或 1。

实训设备

1. 两台路由器
2. 两台 PC
3. 若干网线

实训拓扑

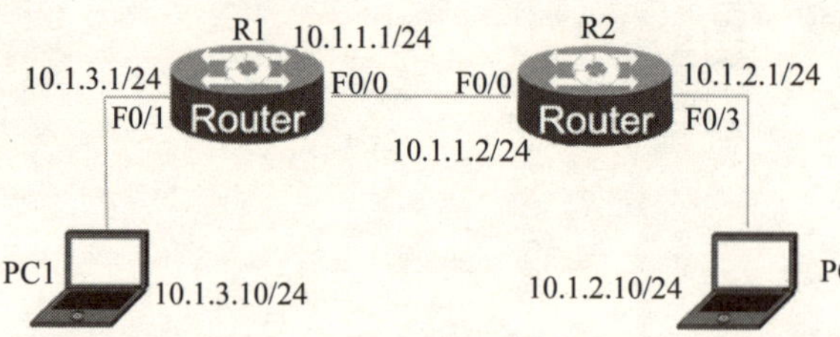

实训要求

1. 配置基础环境
2. 配置 R1 使用 RIPv1，R2 使用 RIPv2，分别使用 network 命令进行网段宣告
3. 在 R2 中使用命令兼容 R1 的版本 1

4. 开启 DEBUG 查看 R1 和 R2 收发的 RIP 报文

实训步骤

1. 配置基础环境

	R1	R2
F0/0	10.1.1.1/24	10.1.1.2/24
F0/1	10.1.3.1/24	
F0/3		10.1.2.1/24

```
----------------------------------R1----------------------------------
Router_config#hostname R1
R1_config#interface fastEthernet 0/0
R1_config_f0/0#ip address 10.1.1.1 255.255.255.0
R1_config_f0/0#exit
R1_config#interface fastEthernet 0/1
R1_config_f0/1#ip address 10.1.3.1 255.255.255.0
R1_config_f0/1#exit
R1_config#

----------------------------------R2----------------------------------
Router_config#hostname R2
R2_config#interface fastEthernet 0/0
R2_config_f0/0#ip address 10.1.1.2 255.255.255.0
R2_config_f0/0#exit
R2_config#interface fastEthernet 0/3
R2_config_f0/3#ip address 10.1.2.1 255.255.255.0
R2_config_f0/3#exit
R2_config#
```

2. 配置 RIP 协议

```
----------------------------------R1----------------------------------
R1_config#router rip
R1_config_rip#network 10.1.1.0
R1_config_rip#network10.1.3.0
R1_config_rip#version 1
R1_config_rip#exit

----------------------------------R2----------------------------------
R2_config#router rip
R2_config_rip#network 10.1.1.0 255.255.255.0
```

```
R2_config_rip#network 10.1.2.0 255.255.255.0
R2_config_rip#version 2
R2_config_rip#
```

查看路由表：

```
----------------------------------R1----------------------------------
R1_config#show ip route
Codes: C - connected, S - static, R - RIP, B - BGP, BC - BGP connected
       D - DEIGRP, DEX - external DEIGRP, O - OSPF, OIA - OSPF inter area
       ON1 - OSPF NSSA external type 1, ON2 - OSPF NSSA external type 2
       OE1 - OSPF external type 1, OE2 - OSPF external type 2
       DHCP - DHCP type

VRF ID: 0

C      10.1.1.0/24         is directly connected, FastEthernet0/0
R      10.1.2.0/24         [120,1] via 10.1.1.2(on FastEthernet0/0)
C      10.1.3.0/24         is directly connected, FastEthernet0/1
R1_config#

----------------------------------R2----------------------------------
R2#sh ip route
Codes: C - connected, S - static, R - RIP, B - BGP, BC - BGP connected
       D - DEIGRP, DEX - external DEIGRP, O - OSPF, OIA - OSPF inter area
       ON1 - OSPF NSSA external type 1, ON2 - OSPF NSSA external type 2
       OE1 - OSPF external type 1, OE2 - OSPF external type 2
       DHCP - DHCP type

VRF ID: 0

C      10.1.1.0/24         is directly connected, FastEthernet0/0
C      10.1.2.0/24         is directly connected, FastEthernet0/3
R      10.1.3.0/24         [120,1] via 10.1.1.1(on FastEthernet0/0)
R2#
```

3．兼容性思考

这里我们观察到，即使 R1 使用了 V1,而 R2 使用了 V2，它们依然可以建立起路由表，并且互通性测试也是没有问题的，但详细查看 RIP 的数据库就有问题了，如下：

```
R2#sh ip rip data
```

```
 10.0.0.0/8          auto-summary
 10.1.1.0/24         directly connected    FastEthernet0/0
 10.1.2.0/24         directly connected    FastEthernet0/3
 10.1.3.0/24         [120,1]    via 10.1.1.1 (on FastEthernet0/0)    00:02:39
……//省略一段时间
R2#sh ip rip data
 10.0.0.0/8          auto-summary
 10.1.1.0/24         directly connected    FastEthernet0/0
 10.1.2.0/24         directly connected    FastEthernet0/3
 10.1.3.0/24         [120,16]    via 10.1.1.1 holddown (on FastEthernet0/0)    00:00:14
```

以上选取了 R2 的数据库查看，发现其对于远端网络的学习已经终止，3min 后进入了 holddown 时间，再经过 2min 即从数据库中清除这条路由了。

而从 holddown 时间开始，从终端发起的测试连通就已经无法连通了，如下所示。

```
Reply from 10.1.3.10: bytes=32 time<1ms TTL=126
Reply from 10.1.3.10: bytes=32 time<1ms TTL=126
Reply from 10.1.2.1: Destination host unreachable.
Reply from 10.1.2.1: Destination host unreachable.
```

以上的实训表明 RIP 版本 1 和版本 2 之间并不是自动兼容的。开启 R1 和 R2 的 debug 功能可以得到如下的信息：

```
R2#2002-1-1 01:56:26 RIP: send to 224.0.0.9 via FastEthernet0/0
2002-1-1 01:56:26         vers 2, CMD_RESPONSE, length 24
2002-1-1 01:56:26         10.1.2.0/24 via 0.0.0.0 metric 1
2002-1-1 01:56:26 RIP: send to 224.0.0.9 via FastEthernet0/3
2002-1-1 01:56:26         vers 2, CMD_RESPONSE, length 24
2002-1-1 01:56:26         10.1.1.0/24 via 0.0.0.0 metric 1
2002-1-1 01:56:43 RIP: ignored V1 packet from 10.1.1.1 (Illegal version).
// R2 路由器忽略了来自 10.1.1.1 的 V1 版本数据
2002-1-1 01:56:56 RIP: send to 224.0.0.9 via FastEthernet0/0
2002-1-1 01:56:56         vers 2, CMD_RESPONSE, length 24
2002-1-1 01:56:56         10.1.2.0/24 via 0.0.0.0 metric 1
2002-1-1 01:56:56 RIP: send to 224.0.0.9 via FastEthernet0/3
2002-1-1 01:56:56         vers 2, CMD_RESPONSE, length 24
2002-1-1 01:56:56         10.1.1.0/24 via 0.0.0.0 metric 1
```

以下是 R1 路由器中的 debug 信息

```
2002-1-1 03:40:14 RIP: send to 255.255.255.255 via FastEthernet0/0
2002-1-1 03:40:14         vers 1, CMD_RESPONSE, length 24
2002-1-1 03:40:14         10.1.3.0/0 via 0.0.0.0 metric 1
2002-1-1 03:40:14 RIP: send to 255.255.255.255 via FastEthernet0/1
2002-1-1 03:40:14         vers 1, CMD_RESPONSE, length 44
```

```
2002-1-1 03:40:14           10.1.1.0/0 via 0.0.0.0 metric 1
2002-1-1 03:40:14           10.1.2.0/0 via 0.0.0.0 metric 2
2002-1-1 03:40:27 RIP: recv RIP from 10.1.1.2 on FastEthernet0/0
2002-1-1 03:40:27           vers 2, CMD_RESPONSE, length 24
```

// R1 对 R2 的版本 2 信息是可以接受的，这从 R1 的路由表也可以看到。

```
2002-1-1 03:40:27           10.1.2.0/24 via 0.0.0.0 metric 1
```

R1 的路由表如下：

```
1#sh ip route
Codes: C - connected, S - static, R - RIP, B - BGP, BC - BGP connected
       D - DEIGRP, DEX - external DEIGRP, O - OSPF, OIA - OSPF inter area
       ON1 - OSPF NSSA external type 1, ON2 - OSPF NSSA external type 2
       OE1 - OSPF external type 1, OE2 - OSPF external type 2
       DHCP - DHCP type

VRF ID: 0

C     10.1.1.0/24        is directly connected, FastEthernet0/0
R     10.1.2.0/24        [120,1] via 10.1.1.2(on FastEthernet0/0)
C     10.1.3.0/24        is directly connected, FastEthernet0/1
```

而 R2 的信息中却没有 10.1.3.0 的表项。

以上的操作说明了一个问题：RIP 的版本 1 是可以识别并采纳来自版本 2 的更新的，而版本 2 却不能识别版本 1 的信息，因此，此时可以在版本 2 的 R2 路由器中增加识别版本 1 更新的能力即可。

4. 注意事项和排错

可以在 R2 的 F/0 端口中添加特殊的命令完成兼容性的配置，如下即可：

```
R2_config#interface fastEthernet 0/0
R2_config_f0/0#ip rip receive version 1
R2_config_f0/0#
```

此时再次查看 R2 的路由表如下：

```
R2#sh ip route
Codes: C - connected, S - static, R - RIP, B - BGP, BC - BGP connected
       D - DEIGRP, DEX - external DEIGRP, O - OSPF, OIA - OSPF inter area
       ON1 - OSPF NSSA external type 1, ON2 - OSPF NSSA external type 2
       OE1 - OSPF external type 1, OE2 - OSPF external type 2
       DHCP - DHCP type

VRF ID: 0
```

```
C        10.1.1.0/24        is directly connected, FastEthernet0/0
C        10.1.2.0/24        is directly connected, FastEthernet0/3
R        10.1.3.0/24        [120,1] via 10.1.1.1(on FastEthernet0/0)
R2#
```

而此时从终端的 ping 也可以连通了。

值得注意的是：此时如果在版本 1 的设备中操作，可以添加发送版本为 2，达到兼容的效果。

如下所示：

```
R1_config#int f 0/0
R1_config_f0/0#ip rip send version 2
```

以上两种方法二选一即可。

配置文档

```
------------------------------R1------------------------------
R1#sh ru
Building configuration...

Current configuration:
!
!version 1.3.3G
service timestamps log date
service timestamps debug date
no service password-encryption
!
hostname R1
!
gbsc group default
!
interface FastEthernet0/0
  ip address 10.1.1.1 255.255.255.0
  no ip directed-broadcast
!
interface FastEthernet0/1
  ip address 10.1.3.1 255.255.255.0
  no ip directed-broadcast
```

```
------------------------------R2------------------------------
R2#sh ru
Building configuration...

Current configuration:
!
!version 1.3.3G
service timestamps log date
service timestamps debug date
no service password-encryption
!
hostname R2
!
gbsc group default
!
interface FastEthernet0/0
  ip address 10.1.1.2 255.255.255.0
  no ip directed-broadcast
  ip rip receive version 1
!
interface FastEthernet0/3
  ip address 10.1.2.1 255.255.255.0
```

（续）

! interface Serial0/2 no ip address no ip directed-broadcast ! interface Serial0/3 no ip address no ip directed-broadcast ! interface Async0/0 no ip address no ip directed-broadcast ! router rip network 10.0.0.0 !	no ip directed-broadcast ! interface Serial0/1 no ip address no ip directed-broadcast ! interface Serial0/2 no ip address no ip directed-broadcast ! interface Async0/0 no ip address no ip directed-broadcast ! router rip version 2 network 10.1.1.0 255.255.255.0 network 10.1.2.0 255.255.255.0

共同思考

1）为什么本实训一开始时版本 2 可以将 R1 发送来的远端路由添加到路由表，而后就不再识别？

2）能否从 RIP 更新报文格式理解上述实训结果？

3）为什么 R1 中使用的是 10.0.0.0，而它给 R2 发送的却是精确的网络信息？

课后练习

将 IP 地址改为 172.16.0.0 网络，重复上述实训过程。

实训五　RIPv2 的认证配置

实训目的

1. 理解 RIPv2 的认证功能
2. 进一步理解 RIP 协议的更新过程

应用环境

安全问题在局域网无处不在，路由协议的安全包括安全的更新过程，以确保路由信息的准确，在 RIP 协议中，版本 1 无法进行认证而版本 2 却可以提供更新路由器的认证，这样可以在某种程度上保证更新过程的准确可靠。

实训设备

1. 两台路由器
2. 两台 PC
3. 若干网线

实训拓扑

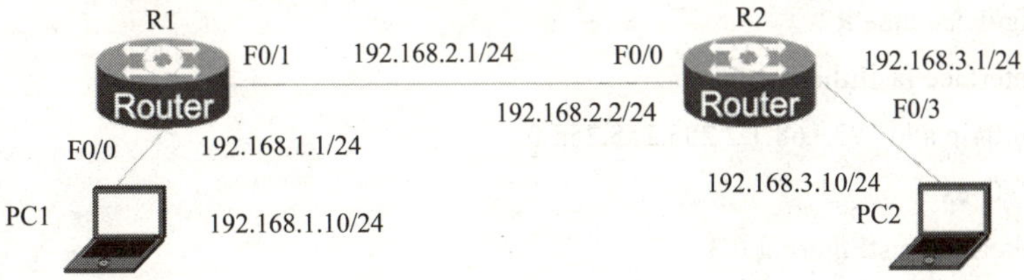

实训要求

1. 配置基础网络环境
2. 配置 RIP 协议，全部网段使用 network 命令
3. 配置 RIP 版本 2，启用认证，注意配置 R1 的认证密钥与 R2 稍有不同或其中之一

不配置

4．查看两台路由器的路由表

5．将认证密钥更新为一致，再次查看路由表

实训步骤

1．配置基础网络环境，过程如下：

	R1	R2
F0/0	192.168.1.1/24	192.168.1.2/24
F0/1	192.168.2.1/24	
F0/3		192.168.3.1/24

```
--------------------------------R1--------------------------------
Router_config#hostname R1
R1_config#interface fastEthernet 0/0
R1_config_f0/0#ip address 192.168.1.1 255.255.255.0
R1_config_f0/0#exit
R1_config#interface fastEthernet 0/1
R1_config_f0/1#ip address 192.168.2.1 255.255.255.0
R1_config_f0/1#exit
R1_config#router rip
R1_config_rip#network 192.168.1.0 255.255.255.0
R1_config_rip#network 192.168.2.0 255.255.255.0
R1_config_rip#version 2
R1_config_rip#exit
R1_config#

--------------------------------R2--------------------------------
Router_config#hostname R2
R2_config#interface fastEthernet 0/0
R2_config_f0/0#ip add 192.168.1.2 255.255.255.0
R2_config_f0/0#exit
R2_config#interface fastEthernet 0/3
R2_config_f0/3#ip add 192.168.3.1 255.255.255.0
R2_config_f0/3#exit
R2_config#router rip
R2_config_rip#network 192.168.1.0 255.255.255.0
R2_config_rip#network 192.168.3.0 255.255.255.0
R2_config_rip#version 2
```

```
R2_config_rip#exit
R2_config#
```

2. 启用认证，R1 启动认证，使用 MD5 加密

```
R1_config#interface FastEthernet 0/1
R1_config_f0/1#ip rip ?
  authentication        -- Set authentication mode
  message-digest-key    -- Set md5 authentication key and key-id
  passive               -- Only receive Update on the interface
  password              -- Set simple authentication password
  receive               -- Set receive version on the interface
  send                  -- Set send version on the interface
  split-horizon         -- Set split horizon on the interface
R1_config_f0/1#ip rip authentication ?
  message-digest        -- MD5 authentication
  simple                -- Simple authentication
R1_config_f0/1#ip rip authentication message-digest ?
  <cr>
R1_config_f0/0#ip rip authentication message-digest
```

以上黑体命令开启了在 F0/1 端口上的 ripMD5 认证。接下来进入到 MD5 密钥的配置过程。

```
R1_config_f0/1#ip rip message-digest-key ?
  <0-255>               -- key-ID
R1_config_f0/1#ip rip message-digest-key dcnu ?
ip rip message-digest-key dcnu ?
                          ^
Parameter invalid
```

以上的错误来自于“dcnu”这个参数的错误，更正方法就是使用数字，如下：

```
R1_config_f0/1#ip rip message-digest-key 1 ?
  md5                   -- Md5
R1_config_f0/1#ip rip message-digest-key 1 md5 ?
  WORD                  -- key(16 char)
R1_config_f0/1#ip rip message-digest-key 1 md5 1122334455667788
```

这个命令即完成了 RIP 协议的 MD5 密钥的配置。

此时没有配置 R2 的认证，查看路由表的结果如下：

```
R1#sh ip route
Codes: C - connected, S - static, R - RIP, B - BGP, BC - BGP connected
       D - DEIGRP, DEX - external DEIGRP, O - OSPF, OIA - OSPF inter area
       ON1 - OSPF NSSA external type 1, ON2 - OSPF NSSA external type 2
```

```
        OE1 - OSPF external type 1, OE2 - OSPF external type 2
        DHCP - DHCP type

VRF ID: 0

C       192.168.1.0/24          is directly connected, FastEthernet0/0
C       192.168.2.0/24          is directly connected, FastEthernet0/1
R1#

R2#sh ip route
Codes: C - connected, S - static, R - RIP, B - BGP, BC - BGP connected
        D - DEIGRP, DEX - external DEIGRP, O - OSPF, OIA - OSPF inter area
        ON1 - OSPF NSSA external type 1, ON2 - OSPF NSSA external type 2
        OE1 - OSPF external type 1, OE2 - OSPF external type 2
        DHCP - DHCP type

VRF ID: 0

C       192.168.2.0/24          is directly connected, FastEthernet0/0
C       192.168.3.0/24          is directly connected, FastEthernet0/3
R2#
```

开启 debug 信息查看结果如下：

```
--------------------------------R1--------------------------------
R1#2002-1-1 00:19:50 RIP: ignored V2 packet from 192.168.1.2 (Authentication failed)
2002-1-1 00:19:56 RIP: send to 224.0.0.9 via FastEthernet0/0
2002-1-1 00:19:56           vers 2, CMD_RESPONSE, length 64
2002-1-1 00:19:56           192.168.2.0/24 via 0.0.0.0 metric 1
2002-1-1 00:19:56 RIP: send to 224.0.0.9 via FastEthernet0/1
2002-1-1 00:19:56           vers 2, CMD_RESPONSE, length 24
2002-1-1 00:19:56           192.168.1.0/24 via 0.0.0.0 metric 1
--------------------------------R2--------------------------------
R2#debug ip rip packet
RIP protocol debugging is on
R2#2002-1-1 00:18:11 RIP: send to 224.0.0.9 via FastEthernet0/0
2002-1-1 00:18:11           vers 2, CMD_RESPONSE, length 24
2002-1-1 00:18:11           192.168.3.0/24 via 0.0.0.0 metric 1
2002-1-1 00:18:11 RIP: send to 224.0.0.9 via FastEthernet0/3
2002-1-1 00:18:11           vers 2, CMD_RESPONSE, length 24
```

```
2002-1-1 00:18:11          192.168.1.0/24 via 0.0.0.0 metric 1
2002-1-1 00:18:16 RIP: ignored V2 packet from 192.168.1.1 (Authentication failed)
```

上面的信息说明 R2 没有做认证，因此 R1 和 R2 都不处理来自对方的更新数据。

注意事项和排错

将 R2 配置验证，过程如下：

```
R2_config#interface fastEthernet 0/0
R2_config_f0/0#ip rip authentication message-digest
R2_config_f0/0#ip rip message-digest-key 1 md5 1122334455667788
R2_config_f0/0#
```

此时，再次查看路由表，结果如下：

```
--------------------------------R1--------------------------------
R1#sh ip route
Codes: C - connected, S - static, R - RIP, B - BGP, BC - BGP connected
       D - DEIGRP, DEX - external DEIGRP, O - OSPF, OIA - OSPF inter area
       ON1 - OSPF NSSA external type 1, ON2 - OSPF NSSA external type 2
       OE1 - OSPF external type 1, OE2 - OSPF external type 2
       DHCP - DHCP type

VRF ID: 0

C       192.168.1.0/24        is directly connected, FastEthernet0/0
C       192.168.2.0/24        is directly connected, FastEthernet0/1
R       192.168.3.0/24        [120,1] via 192.168.2.2(on FastEthernet0/0)
R1#

--------------------------------R2--------------------------------
R2#sh ip route
Codes: C - connected, S - static, R - RIP, B - BGP, BC - BGP connected
       D - DEIGRP, DEX - external DEIGRP, O - OSPF, OIA - OSPF inter area
       ON1 - OSPF NSSA external type 1, ON2 - OSPF NSSA external type 2
       OE1 - OSPF external type 1, OE2 - OSPF external type 2
       DHCP - DHCP type

VRF ID: 0

C       192.168.2.0/24        is directly connected, FastEthernet0/0
R       192.168.1.0/24        [120,1] via 192.168.2.1(on FastEthernet0/0)
```

```
C          192.168.3.0/24          is directly connected, FastEthernet0/3
R2#
```

配置文档

```
------------------------------R1------------------------------
R1#sh ru
Building configuration...

Current configuration:
!
!version 1.3.3G
service timestamps log date
service timestamps debug date
no service password-encryption
!
hostname R1

gbsc group default

interface FastEthernet0/0
 ip address 192.168.1.1 255.255.255.0
 no ip directed-broadcast
!
interface FastEthernet0/1
 ip address 192.168.2.1 255.255.255.0
 no ip directed-broadcast
 ip rip authentication message-digest
 ip rip message-digest-key 1 md5 1122334455667788
!
interface Serial0/2
 no ip address
 no ip directed-broadcast
!
interface Serial0/3
 no ip address
 no ip directed-broadcast
!
interface Async0/0
 no ip address
 no ip directed-broadcast
!
```

```
------------------------------R2------------------------------
R2#sh ru
Building configuration...

Current configuration:
!
!version 1.3.3G
service timestamps log date
service timestamps debug date
no service password-encryption
!
hostname R2

gbsc group default
!
interface FastEthernet0/0
 ip address 192.168.1.2 255.255.255.0
 no ip directed-broadcast
 ip rip authentication message-digest
 ip rip message-digest-key 1 md5 1122334455667788
!
interface FastEthernet0/3
 ip address 192.168.3.1 255.255.255.0
 no ip directed-broadcast
!
interface Serial0/1
 no ip address
 no ip directed-broadcast
!
interface Serial0/2
 no ip address
 no ip directed-broadcast
!
interface Async0/0
 no ip address
 no ip directed-broadcast
```

（续）

router rip version 2 network 192.168.1.0 255.255.255.0 network 192.168.2.0 255.255.255.0	router rip version 2 network 192.168.1.0 255.255.255.0 network 192.168.3.0 255.255.255.0

共同思考

为何 R1 配置认证 RIP 后，R2 没有配置认证也忽略 R1 的更新报文？

课后练习

请使用简单密码保护方式重新完成实训。

实训六 VLSM

实训目的

1．理解可变长子网掩码的功能和作用
2．了解在使用路由协议时，怎样规划和配置 VLSM

应用环境

IP 地址资源有限，很多情况下都需要充分使用来之不易的 IP 地址，在不同大小的网络中使用不定长的子网掩码。但这对路由协议的使用带来一定的影响，如 RIP 版本 1 就不可以支持 VLSM，它的更新过程不携带子网掩码的信息，因此无法区分不同长度的掩码所定义的不同网络。

实训设备

1．两台路由器
2．两台 PC
3．若干网线

实训拓扑

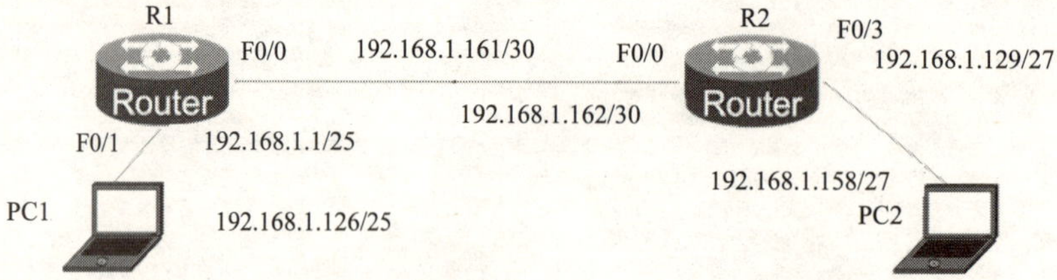

实训要求

1．配置基础网络环境，按照实训要求配置 IP 地址等信息
2．使用 RIP 协议完成各路之间的连通，首先使用版本 1，查看路由表有什么问题

3. 将版本切换为版本 2，再次查看路由表

实训步骤

1. 配置基础网络环境

	R1	R2
F0/0	192.168.1.161/30	192.168.1.162/30
F0/1	192.168.1.1/25	
F0/3		192.168.1.129/27

```
-------------------------------R1-------------------------------
Router#config
Router_config#hostname R1
R1_config#interface fastEthernet 0/0
R1_config_f0/0#ip address 192.168.1.161 255.255.255.252
R1_config_f0/0#exit
R1_config#interface fastEthernet 0/1
R1_config_f0/1#ip address 192.168.1.1 255.255.255.128
R1_config_f0/1#exit
R1_config#
-------------------------------R2-------------------------------
Router_config#hostname R2
R2_config#interface fastEthernet 0/0
R2_config_f0/0#ip address 192.168.1.162 255.255.255.252
R2_config_f0/0#exit
R2_config#ping 192.168.1.162
PING 192.168.1.162 (192.168.1.162): 56 data bytes
!!!!!
--- 192.168.1.162 ping statistics ---
5 packets transmitted, 5 packets received, 0% packet loss
round-trip min/avg/max = 0/0/0 ms
R2_config#interface fastEthernet 0/3
R2_config_f0/3#ip address 192.168.1.129 255.255.255.224
R2_config_f0/3#exit
```

2. 配置 RIP 版本 1

```
-------------------------------R1-------------------------------
R1_config#router rip
R1_config_rip#network 192.168.1.0
R1_config_rip#exit
```

```
-------------------------------R2--------------------------------
R2_config#router rip
R2_config_rip#net
R2_config_rip#network 192.168.1.0
R2_config_rip#exit
```

查看路由表如下：

```
-------------------------------R1--------------------------------
R1#sh ip route
Codes: C - connected, S - static, R - RIP, B - BGP, BC - BGP connected
       D - DEIGRP, DEX - external DEIGRP, O - OSPF, OIA - OSPF inter area
       ON1 - OSPF NSSA external type 1, ON2 - OSPF NSSA external type 2
       OE1 - OSPF external type 1, OE2 - OSPF external type 2
       DHCP - DHCP type

VRF ID: 0

C      192.168.1.0/25        is directly connected, FastEthernet0/1
C      192.168.1.160/30      is directly connected, FastEthernet0/0
R1#

-------------------------------R2--------------------------------
R2#sh ip route
Codes: C - connected, S - static, R - RIP, B - BGP, BC - BGP connected
       D - DEIGRP, DEX - external DEIGRP, O - OSPF, OIA - OSPF inter area
       ON1 - OSPF NSSA external type 1, ON2 - OSPF NSSA external type 2
       OE1 - OSPF external type 1, OE2 - OSPF external type 2
       DHCP - DHCP type

VRF ID: 0

C      192.168.1.128/27      is directly connected, FastEthernet0/3
C      192.168.1.160/30      is directly connected, FastEthernet0/0
R2#
```

可以看到，没有从 RIP 协议学习到的路由，主要是由于版本 1 是不支持 VLSM 的，虽然直连的网络段可以写入路由表，但来自网络的 RIP 更新报文就无法识别并处理了，进一步打开 debug，发现根本获取不到任何 RIP 报文。

3. 更改版本为版本 2

```
R1_config_rip#version 2
R2_config_rip#version 2
```

此时查看路由表如下：

```
--------------------------------R1--------------------------------

R1#sh ip route
Codes: C - connected, S - static, R - RIP, B - BGP, BC - BGP connected
       D - DEIGRP, DEX - external DEIGRP, O - OSPF, OIA - OSPF inter area
       ON1 - OSPF NSSA external type 1, ON2 - OSPF NSSA external type 2
       OE1 - OSPF external type 1, OE2 - OSPF external type 2
       DHCP - DHCP type

VRF ID: 0

C      192.168.1.0/25        is directly connected, FastEthernet0/1
R      192.168.1.128/27      [120,1] via 192.168.1.162(on FastEthernet0/0)
C      192.168.1.160/30      is directly connected, FastEthernet0/0
R1#
--------------------------------R2--------------------------------

R2#sh ip route
Codes: C - connected, S - static, R - RIP, B - BGP, BC - BGP connected
       D - DEIGRP, DEX - external DEIGRP, O - OSPF, OIA - OSPF inter area
       ON1 - OSPF NSSA external type 1, ON2 - OSPF NSSA external type 2
       OE1 - OSPF external type 1, OE2 - OSPF external type 2
       DHCP - DHCP type

VRF ID: 0

R      192.168.1.0/25        [120,1] via 192.168.1.161(on FastEthernet0/0)
C      192.168.1.128/27      is directly connected, FastEthernet0/3
C      192.168.1.160/30      is directly connected, FastEthernet0/0
R2#
```

此时发现已经可以学习到正确的信息了，打开 debug 信息看到如下内容：

```
--------------------------------R1--------------------------------
2002-1-1 00:20:40 RIP: send to 224.0.0.9 via FastEthernet0/0
2002-1-1 00:20:40          vers 2, CMD_RESPONSE, length 24
2002-1-1 00:20:40          192.168.1.0/25 via 0.0.0.0 metric 1
2002-1-1 00:20:40 RIP: send to 224.0.0.9 via FastEthernet0/1
2002-1-1 00:20:40          vers 2, CMD_RESPONSE, length 44
2002-1-1 00:20:40          192.168.1.128/27 via 0.0.0.0 metric 2
2002-1-1 00:20:40          192.168.1.160/30 via 0.0.0.0 metric 1
2002-1-1 00:20:57 RIP: recv RIP from 192.168.1.162 on FastEthernet0/0
```

```
2002-1-1 00:20:57          vers 2, CMD_RESPONSE, length 24
2002-1-1 00:20:57          192.168.1.128/27 via 0.0.0.0 metric 1

-------------------------------R2-------------------------------
2002-1-1 00:20:47 RIP: send to 224.0.0.9 via FastEthernet0/0
2002-1-1 00:20:47          vers 2, CMD_RESPONSE, length 24
2002-1-1 00:20:47          192.168.1.128/27 via 0.0.0.0 metric 1
2002-1-1 00:20:47 RIP: send to 224.0.0.9 via FastEthernet0/3
2002-1-1 00:20:47          vers 2, CMD_RESPONSE, length 44
2002-1-1 00:20:47          192.168.1.0/25 via 0.0.0.0 metric 2
2002-1-1 00:20:47          192.168.1.160/30 via 0.0.0.0 metric 1
2002-1-1 00:21:00 RIP: recv RIP from 192.168.1.161 on FastEthernet0/0
2002-1-1 00:21:00          vers 2, CMD_RESPONSE, length 24
2002-1-1 00:21:00          192.168.1.0/25 via 0.0.0.0 metric 1
```

此时发现，版本 2 对于子网掩码长度可变的网络，是可以正常发送信息的。

注意事项和排错

值得注意的是，VLSM 是掩码长度的变化，而不是子网的应用，如果配置的 IP 地址是 B 类网络的 24 位掩码的网络段，进行这个实训，并不能说明版本 1 和版本 2 对 VLSM 的支持与否。

配置文档

<table>
<tr>
<td>

```
---------------------------R1---------------------------------
R1#sh ru
Building configuration...

Current configuration:
!
!version 1.3.3G
service timestamps log date
service timestamps debug date
no service password-encryption
!
hostname R1
!
gbsc group default
!
interface FastEthernet0/0
```

</td>
<td>

```
---------------------------R2---------------------------------
R2#sh ru
Building configuration...

Current configuration:
!
!version 1.3.3G
service timestamps log date
service timestamps debug date
no service password-encryption
!
hostname R2

gbsc group default

interface FastEthernet0/0
```

</td>
</tr>
</table>

（续）

<table>
<tr><td>ip address 192.168.1.161 255.255.255.252
 no ip directed-broadcast
!
interface FastEthernet0/1
 ip address 192.168.1.1 255.255.255.128
 no ip directed-broadcast
!
interface Serial0/2
 no ip address
 no ip directed-broadcast
!
interface Serial0/3
 no ip address
 no ip directed-broadcast
!
interface Async0/0
 no ip address
 no ip directed-broadcast

router rip
 version 2
 network 192.168.1.0</td><td>ip address 192.168.1.162 255.255.255.252
 no ip directed-broadcast
!
interface FastEthernet0/3
 ip address 192.168.1.129 255.255.255.224
 no ip directed-broadcast
!
interface Serial0/1
 no ip address
 no ip directed-broadcast
!
interface Serial0/2
 no ip address
 no ip directed-broadcast
!
interface Async0/0
 no ip address
 no ip directed-broadcast

router rip
 version 2
 network 192.168.1.0</td></tr>
</table>

共同思考

为什么 RIP 版本 2 可以支持 VLSM，而版本 1 不能支持，请从两种版本的数据报文格式来理解。

课后练习

使用 10.1.0.0 重新构造网络环境，重新设置后重做实训。

实训七 RIP 被动接口

实训目的

1. 理解 RIP 协议被动接口的意义
2. 掌握 RIP 被动端口的配置方法

应用环境

RIP 协议由于使用广播更新并且常规 network 命令使整个网络充满 RIP 报文，但某些终端网络并不需要这样的更新包，因此可以在设备中使用恰当的命令减少网络中的不必要的 RIP 报文，提升整网效率。

实训设备

1. 两台路由器
2. 两台 PC
3. 若干网线

实训拓扑

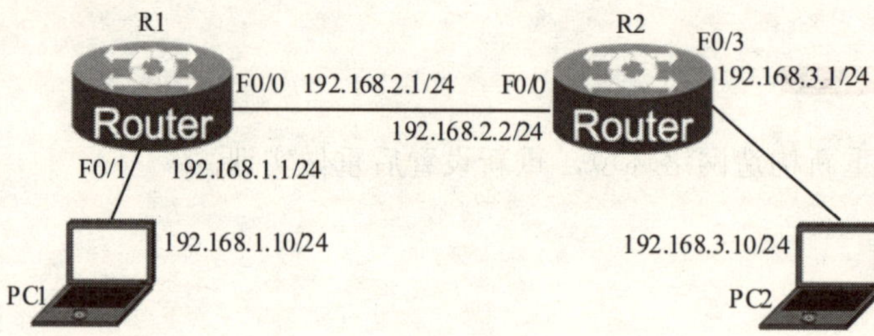

实训要求

1. 配置基础网络环境
2. 配置 RIP 协议并使用 NETWORK 命令添加 192.168.2.0 网络
3. 在 PC1 或者 PC2 上开启抓包软件捕获 RIP 协议报文

4．R1 和 R2 使用 network 命令增加与 PC 互联的网络
5．开启抓包软件捕获 RIP 协议报文，查看捕获结果
6．在两台路由器中使用 PASSIVE 命令停止 RIP 协议在此端口发布更新
7．再次开启抓包软件捕获 RIP 协议报文，查看结果如何

实训步骤

1．配置基础网络环境

	R1	R2
F0/0	192.168.2.1/24	192.168.2.2/24
F0/1	192.168.1.1/24	
F0/3		192.168.3.1/24

```
--------------------R1--------------------
Router#config
Router_config#hostname R1
R1_config#interface fastEthernet 0/0
R1_config_f0/0#ip address 192.168.2.1 255.255.255.0
R1_config_f0/0#exit
R1_config#interface fastEthernet 0/1
R1_config_f0/1#ip address 192.168.1.1 255.255.255.0
R1_config_f0/1#exit
R1_config#router rip
R1_config_rip#network 192.168.1.0 255.255.255.0
R1_config_rip#network 192.168.2.0 255.255.255.0
R1_config_rip#ver 2
R1_config_rip#exit
R1_config#
--------------------R2--------------------
Router#config
Router_config#hostname R2
R2_config#interface fastEthernet 0/0
R2_config_f0/0#ip address 192.168.2.2 255.255.255.0
R2_config_f0/0#exit
R2_config#interface fastEthernet 0/3
R2_config_f0/3#ip address 192.168.3.1 255.255.255.0
R2_config_f0/3#exit
R2_config#router rip
R2_config_rip#network 192.168.2.0 255.255.255.0
```

```
R2_config_rip#network 192.168.3.0 255.255.255.0
R2_config_rip#ver 2
R2_config_rip#exit
R2_config#
```

2. PC 中的抓包

在 PC1 中启动抓包过程，定义一个过滤器抓取 RIP 协议数据，如下所示：（注意本实训抓取大约 3 个数据包，大约耗时 1 分半）

[192.168.1.1]	[224.0.0.9]	RIP: R Routing entries=1	66	0:00:00.000
[192.168.1.1]	[224.0.0.9]	RIP: R Routing entries=1	66	0:00:30.303
[192.168.1.1]	[224.0.0.9]	RIP: R Routing entries=1	66	0:01:00.606

从上图看出，在 PC1 中可以得到来自 192.168.1.1 的 RIP 报文，这是组播包，因为开启的是版本 2 的 RIP 协议，可以看到 R1 的路由器也在向没有路由器的 F0/1 接口发送，这是完全没有必要的，接下来，我们用命令消除这个网段的发布。

3. 使用 passive 命令完成特定网段的消声处理

```
R1_config#interface fastEthernet 0/1
R1_config_f0/1#ip rip ?
  authentication           -- Set authentication mode
  message-digest-key       -- Set md5 authentication key and key-id
  passive                  -- Only receive Update on the interface
  password                 -- Set simple authentication password
  receive                  -- Set receive version on the interface
  send                     -- Set send version on the interface
  split-horizon            -- Set split horizon on the interface
R1_config_f0/1#ip rip passive
R1_config_f0/1#exit
```

此时再次从 PC1 抓包，获取不到任何报文，此时查看 R2 的路由表，一切正常。

```
-----------------------------R1-----------------------------
R1#sh ip route
Codes: C - connected, S - static, R - RIP, B - BGP, BC - BGP connected
       D - DEIGRP, DEX - external DEIGRP, O - OSPF, OIA - OSPF inter area
       ON1 - OSPF NSSA external type 1, ON2 - OSPF NSSA external type 2
       OE1 - OSPF external type 1, OE2 - OSPF external type 2
       DHCP - DHCP type

VRF ID: 0

C      192.168.1.0/24      is directly connected, FastEthernet0/1
C      192.168.2.0/24      is directly connected, FastEthernet0/0
R      192.168.3.0/24      [120,1] via 192.168.2.2(on FastEthernet0/0)
```

```
R1#

-------------------------------R2-------------------------------
R2#sh ip route
Codes: C - connected, S - static, R - RIP, B - BGP, BC - BGP connected
       D - DEIGRP, DEX - external DEIGRP, O - OSPF, OIA - OSPF inter area
       ON1 - OSPF NSSA external type 1, ON2 - OSPF NSSA external type 2
       OE1 - OSPF external type 1, OE2 - OSPF external type 2
       DHCP - DHCP type

VRF ID: 0

R       192.168.1.0/24      [120,1] via 192.168.2.1(on FastEthernet0/0)
C       192.168.2.0/24      is directly connected, FastEthernet0/0
C       192.168.3.0/24      is directly connected, FastEthernet0/3
R2#
```

注意事项和排错

本实训使用版本 2，也可以使用版本 1 实现。

配置文档

--------------------R1--------------------	--------------------R2--------------------
R1#sh ru Building configuration... Current configuration: ! !version 1.3.3G service timestamps log date service timestamps debug date no service password-encryption ! hostname R1 ! gbsc group default ! interface FastEthernet0/0 ip address 192.168.2.1 255.255.255.0 no ip directed-broadcast	R2#sh ru Building configuration... Current configuration: ! !version 1.3.3G service timestamps log date service timestamps debug date no service password-encryption ! hostname R2 ! gbsc group default ! interface FastEthernet0/0 ip address 192.168.2.2 255.255.255.0 no ip directed-broadcast

（续）

<table>
<tr><td>
!
interface FastEthernet0/1
 ip address 192.168.1.1 255.255.255.0
 no ip directed-broadcast
 ip rip passive
!
interface Serial0/2
 no ip address
 no ip directed-broadcast
!
interface Serial0/3
 no ip address
 no ip directed-broadcast
!
interface Async0/0
 no ip address
 no ip directed-broadcast
!
router rip
 version 2
 network 192.168.1.0 255.255.255.0
 network 192.168.2.0 255.255.255.0
</td><td>
!
interface FastEthernet0/3
 ip address 192.168.3.1 255.255.255.0
 no ip directed-broadcast
!
interface Serial0/1
 no ip address
 no ip directed-broadcast
!
interface Serial0/2
 no ip address
 no ip directed-broadcast
!
interface Async0/0
 no ip address
 no ip directed-broadcast
!
router rip
 version 2
 network 192.168.2.0 255.255.255.0
 network 192.168.3.0 255.255.255.0
</td></tr>
</table>

共同思考

通常应该在什么样的网络段使用 Passive？

课后练习

将 R2 的 F0/3 端口也做成 rip 的 Passive 端口，重复上述实训。

实训八　单区域 OSPF 基本配置

实训目的

1．掌握单区域 OSPF 的配置
2．理解链路状态路由协议的工作过程
3．掌握实训环境中环回的配置

应用环境

OSPF 是为了解决 RIP 不能解决的大型、可扩展的网络需求而出现的链路状态路由协议。OSPF 不但具有 RIP-2 对可变长度掩码支持的优点，同时还具有无自环、收敛快的特点，因此被广泛应用在中大型网络环境。

实训设备

1．DCR-2611 三台（Version 1.3.3G (MIDDLE)）
2．CR-V35FC 一根
3．CR-V35MT 一根

实训拓扑

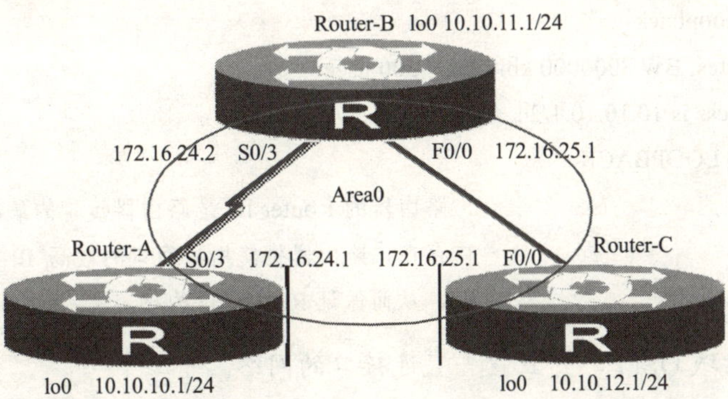

实训要求

Router-A		Router-B		Router-C	
S0/3(DCE)	172.16.24.1/24	S0/3(DTE)	172.16.24.2/24		
		F0/0	172.16.25.1/24	F0/0	172.16.25.2/24
Loopback 0	10.10.10.1/24	Loopback 0	10.10.11.1/24	Loopback 0	10.10.12.1/24

1. 按照拓扑图连接网络
2. 按照要求配置路由器各接口地址

实训步骤

第一步： 按照上表配置路由器名称、接口的 IP 地址，保证所有接口全部是 up 状态，测试连通性。

第二步： 路由器环回接口的配置。

Router-A:

```
Router-A_config#interface loopback 0
Router-A_config_l0#ip address 10.10.10.1 255.255.255.0
```

Router-B:

```
Router-B_config#interface loopback 0
Router-B_config_l0#ip address 10.10.11.1 255.255.255.0
```

Router-C:

```
Router-B_config#interface loopback 0
Router-B_config_l0#ip address 10.10.12.1 255.255.255.0
```

第三步： 验证环回接口配置。

```
Router-A_config#show interface loopback 0
Loopback0 is up, line protocol is up
  Hardware is Loopback
  MTU 1514 bytes, BW 8000000 kbit, DLY 500 usec
  Interface address is 10.10.10.1/24
  Encapsulation LOOPBACK
```

！路由器的 Router ID 是路由器接口的最高 IP 地址，若有环回口存在，路由器将使用环回口的最高 IP 地址作为起始 Router ID，从而保证 Router ID 的稳定。

第四步： 启动单区域 OSPF，并且宣告直连接口的网络。

Router-A:

```
Router-A_config#router ospf 1          ！启动 OSPF 进程，进程号为 1，取值范围为 1-65535
```

Router-A_config_ospf_1#network 172.16.24.0 255.255.255.0 area 0

！注意要写掩码和区域号

Router-B:

Router-B_config#router ospf 1

Router-B_config_ospf_1#network 172.16.24.0 255.255.255.0 area 0

Router-B_config_ospf_1#network 172.16.25.0 255.255.255.0 area 0

Router-C:

Router-C_config#router ospf 1

Router-C_config_ospf_1#network 172.16.25.0 255.255.255.0 area 0

第五步： 查看 Router-A 路由表。

```
Router-A_config#show ip route
Codes: C - connected, S - static, R - RIP, B - BGP, BC - BGP connected
       D - DEIGRP, DEX - external DEIGRP, O - OSPF, OIA - OSPF inter area
       ON1 - OSPF NSSA external type 1, ON2 - OSPF NSSA external type 2
       OE1 - OSPF external type 1, OE2 - OSPF external type 2
       DHCP - DHCP type

VRF ID: 0

C      10.10.10.0/24      is directly connected, Loopback0
C      172.16.24.0/24     is directly connected, Serial0/3
O      172.16.25.0/24     [110,1601] via 172.16.24.2(on Serial0/3)
```

！Router-A 通过 OSPF 学到了 172.16.25.0/24 这个网段的路由。后面的数字[110，1601]分别表示 OSPF 的管理距离和路由的 Metric 值，Metric 值是由 cost 值逐跳累加的。Cost=100Mbit/带宽值。

第六步： 查看其他 OSPF 状态参数。

查看 OSPF 邻居状态

Router-A:

```
Router-A_config#show ip ospf neighbor
--------------------------------------------------------------------------------
                         OSPF process: 1

                            AREA: 0
Neighbor ID     Pri   State          DeadTime   Neighbor Addr   Interface
10.10.11.1      1     FULL/-         32         172.16.24.2     Serial0/3
--------------------------------------------------------------------------------
```

！注意到我们所配置的 loopback 地址已经在这里以 Router-ID 出现了，在 1.3.3G 版本中取消了单独配置 Router ID 的设置，使用环回接口 IP（如果没 lo 口，则用最大的物理口 ip）

Router-B:

```
Router-B_config_ospf_1#sh ip ospf neighbor
--------------------------------------------------------------------------------
                          OSPF process: 1

                          AREA: 0
Neighbor ID     Pri   State          DeadTime   Neighbor Addr    Interface
10.10.10.1      1     FULL/-            38      172.16.24.1      Serial0/3
10.10.12.1      1     FULL/BDR          34      172.16.25.2      FastEthernet0/0
--------------------------------------------------------------------------------
```

！我们看到 B 和 C 选举了 DR 和 BDR，而 A 和 B 没有选取，在后面的实训里会具体讲解原因。

Router-C:

```
Router-C_config#sh ip ospf neighbor
--------------------------------------------------------------------------------
                          OSPF process: 1

                          AREA: 0
Neighbor ID     Pri   State          DeadTime   Neighbor Addr    Interface
10.10.11.1      1     FULL/DR           34      172.16.26.1      FastEthernet0/0
--------------------------------------------------------------------------------
```

查看 OSPF 接口状态和类型：

```
Router-A_config#show ip ospf interface
Serial0/3 is up, line protocol is up
  Internet Address: 172.16.24.1/24
  Interface index: 3
  Nettype: Point-to-Point
  OSPF process is 1,    AREA: 0, Router ID: 10.10.10.1
  Cost: 1600, Transmit Delay is 1 sec, Priority 1
  Hello interval is 10, Dead timer is 40, Retransmit is 5
  OSPF INTF State is IPOINT_TO_POINT
  Neighbor Count is 1, Adjacent neighbor count is 1
    Adjacent with neighbor 172.16.24.2
```

！OSPF 中五种接口类型将在后面的实训中会有不同网络环境下不同接口类型的比较介绍。

注意事项和排错

1）OSPF 的进程号只有本地意义，即在不同路由器上的进程号可以不相同。但是，为了日后维护的方便，一般启用相同的进程号。

2）路由器把环回端口作为标志路由器的 ID 号。

3）OSPF 是无类路由协议，一定要加掩码。

4）在申明直连网段时，必须指明所属的区域。

5）area 0 必须存在。

共同思考

1）OSPF 与 RIP 有哪些区别？

2）如果在在 A、B、C 上宣告各自的环回口，会有什么影响？

3）环回接口还有什么用处？

课后练习

修改 ip 地址段，重新进行实训。

实训九

OSPF 在广播环境下邻居发现过程

实训目的

1. 掌握邻居关系的建立过程
2. 能够分析得到 OSPF 在广播环境下邻居发现过程
3. 了解各种定时器的默认设置

应用环境

从本次实训开始，我们将针对 OSPF 在各种网络环境下的配置、状态做逐一的实训分析。本次实训是在实训室环境中模拟在纯广播状态下 OSPF 邻居的发现及选举过程，在实训中我们使用到做协议分析的 Debug 命令，详细的参数和讲解请参阅产品配套手册。

实训设备

1. DCR-2611 两台（Version 1.3.3G (MIDDLE)）
2. Hub 一台
3. 双绞线三根
4. 抓包软件 PC 一台

实训拓扑

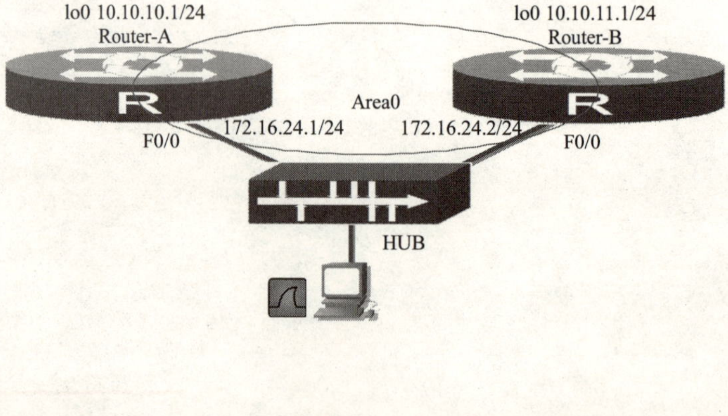

实训要求

Router-A		Router-B	
F0/0	172.16.24.1/24	F0/0	172.16.24.2/24
Loopback0	10.10.10.1/24	Loopback0	10.10.11.1/24

1. 按照拓扑图连接网络
2. 按照要求配置路由器各接口地址

实训步骤

第一步： 按照上表配置路由器名称、接口的 IP 地址，保证所有接口全部是 up 状态，测试连通性。

第二步： 启动 Router-A、B、C 上开启单区域 OSPF，并且宣告直连接口的网络。

Router-A:

```
Router-A_config#router ospf 1
Router-A_config_ospf_1#network 172.16.24.0 255.255.255.0 area 0
```

Router-B:

```
Router-B_config#router ospf 1
Router-B_config_ospf_1#network 172.16.24.0 255.255.255.0 area 0
```

第三步： 使用 show ip ospf interface 命令查看端口类型。

Router-A:

```
Router-A_config#show ip ospf interface
FastEthernet0/0 is up, line protocol is up
    Internet Address: 172.16.24.1/24
    Interface index: 4
    Nettype: Broadcast
                              ！接口的网络类型是广播
    OSPF process is 1,   AREA: 0, Router ID: 10.10.10.1
                              ！OSPF 进程号是 1，处在 0 区域，Router ID 就是最大 loopback
                              IP 地址（如果没有 lo，选最大物理口）
    Cost: 1, Transmit Delay is 1 sec, Priority 1
                              ！优先级默认是 1
    Hello interval is 10, Dead timer is 40, Retransmit is 5
                              !默认 HELLO 时间间隔为 10s，等待时间和死亡时间为 HELLO
                              时间间隔的 4 倍，也就是 40s。
    OSPF INTF State is IDrOTHER
```

```
                              ! 这里表明了该路由器在 OSPF 中的身份
    Designated Router ID: 10.10.11.1, Interface address 172.16.24.2
    Backup Designated Router ID: 10.10.10.1, Interface address 172.16.24.1
                              ! 在这里知道了谁是 DR 和 BDR 以及接口的 IP 地址
    Neighbor Count is 1, Adjacent neighbor count is 1
    Adjacent with neighbor 10.10.11.1 (Designated Router)
                              ! 这里指明了自己的邻居和邻居的身份
```

Router-B:

```
Router-B_config#show ip ospf interface
FastEthernet0/0 is up, line protocol is up
    Internet Address: 172.16.24.2/24
    Interface index: 4
    Nettype: Broadcast
    OSPF process is 1, AREA: 0, Router ID: 10.10.11.1
    Cost: 1, Transmit Delay is 1 sec, Priority 1
    Hello interval is 10, Dead timer is 40, Retransmit is 5
    OSPF INTF State is  IBACKUP
    Designated Router ID: 10.10.11.1, Interface address 172.16.24.2
    Backup Designated Router ID: 10.10.10.1, Interface address 172.16.24.1
    Neighbor Count is 1, Adjacent neighbor count is 1
    Adjacent with neighbor 10.10.10.1 (Backup Designated Router)
```

第四步： 使用 show ip ospf neighbor 命令查看 OSPF 邻居表。

Router-A:

```
Router-A_config#show ip ospf neighbor
-----------------------------------------------------------------------------------
                         OSPF process: 1
                           AREA: 0
Neighbor ID    Pri   State        DeadTime   Neighbor Addr    Interface
10.10.11.1     1     FULL/DR       34        172.16.24.2      FastEthernet0/0
-----------------------------------------------------------------------------------
```

Router-B:

```
Router-B_config#show ip ospf neighbor
-----------------------------------------------------------------------------------
                         OSPF process: 1
                           AREA: 0
Neighbor ID    Pri   State        DeadTime   Neighbor Addr    Interface
10.10.10.1     1     FULL/BDR      39        172.16.24.1      FastEthernet0/0
-----------------------------------------------------------------------------------
```

！通过上面的输出可以知道 Router-B 是 DR，Router-A 是 BDR。这是因为在优先级相同的情况下，Router-B 的 Router ID 最大，Router-B 的次之。

第五步： 使用 show ip ospf database 查看 LSA 类型。

Router-A:

```
Router-A#show ip ospf database
--------------------------------------------------------------------------------
                         OSPF process: 1
                         (Router ID: 10.10.10.1)

                         AREA: 0
                         Router Link States
Link ID         ADV Router      Age        Seq Num        Checksum Link Count
10.10.10.1      10.10.10.1      33         0x80000005     0x3b0a     1
10.10.11.1      10.10.11.1      36         0x80000005     0x370b     1
                         Net Link States
Link ID         ADV Router      Age        Seq Num        Checksum
172.16.24.2     10.10.11.1      34         0x80000002     0x9b42
--------------------------------------------------------------------------------
```

Router-B:

```
Router-B#show ip ospf database
--------------------------------------------------------------------------------
                         OSPF process: 1
                         (Router ID: 10.10.11.1)

                         AREA: 0
                         Router Link States
Link ID         ADV Router      Age        Seq Num        Checksum Link Count
10.10.10.1      10.10.10.1      391        0x80000006     0x390b     1
10.10.11.1      10.10.11.1      387        0x80000006     0x350c     1
                         Net Link States
Link ID         ADV Router      Age        Seq Num        Checksum
172.16.24.2     10.10.11.1      386        0x80000003     0x9943
--------------------------------------------------------------------------------
```

！观察到两台路由器上都只有 1 类和 2 类 LSA

第六步： 使用 Wireshark 通过 HUB 抓 ospf 包，按照标准过程验证邻居的建立过程。

```
⊞ Frame 2 (78 bytes on wire, 78 bytes captured)
⊞ Ethernet II, Src: Shanghai_7a:4c:20 (00:e0:0f:7a:4c:20), Dst: IPv4mcast_00:00:05 (01:00:5e:00:00:05)
⊞ Internet Protocol, Src: 172.16.23.1 (172.16.23.1), Dst: 224.0.0.5 (224.0.0.5)
⊟ Open Shortest Path First
  ⊞ OSPF Header
  ⊟ OSPF Hello Packet
      Network Mask: 255.255.255.0
      Hello Interval: 10 seconds
    ⊞ Options: 0x02 (E)
      Router Priority: 1
      Router Dead Interval: 40 seconds
      Designated Router: 0.0.0.0
      Backup Designated Router: 0.0.0.0
⊞ Frame 3 (78 bytes on wire, 78 bytes captured)
⊞ Ethernet II, Src: Shanghai_7a:4c:18 (00:e0:0f:7a:4c:18), Dst: IPv4mcast_00:00:05 (01:00:5e:00:00:05)
⊞ Internet Protocol, Src: 172.16.23.2 (172.16.23.2), Dst: 224.0.0.5 (224.0.0.5)
⊟ Open Shortest Path First
  ⊞ OSPF Header
  ⊟ OSPF Hello Packet
      Network Mask: 255.255.255.0
      Hello Interval: 10 seconds
    ⊞ Options: 0x02 (E)
      Router Priority: 1
      Router Dead Interval: 40 seconds
      Designated Router: 0.0.0.0
      Backup Designated Router: 0.0.0.0
```

！OSPF 进程启动，RA 和 RB 向 224.0.0.5 发 Hello 包，DR 和 BDR 设置为空。

```
⊞ Frame 9 (82 bytes on wire, 82 bytes captured)
⊞ Ethernet II, Src: Shanghai_7a:4c:20 (00:e0:0f:7a:4c:20), Dst: IPv4mcast_00:00:05 (01:00:5e:00:00:05)
⊞ Internet Protocol, Src: 172.16.23.1 (172.16.23.1), Dst: 224.0.0.5 (224.0.0.5)
⊟ Open Shortest Path First
  ⊞ OSPF Header
  ⊟ OSPF Hello Packet
      Network Mask: 255.255.255.0
      Hello Interval: 10 seconds
    ⊞ Options: 0x02 (E)
      Router Priority: 1
      Router Dead Interval: 40 seconds
      Designated Router: 0.0.0.0
      Backup Designated Router: 0.0.0.0
      Active Neighbor: 10.10.11.1
⊞ Frame 10 (82 bytes on wire, 82 bytes captured)
⊞ Ethernet II, Src: Shanghai_7a:4c:18 (00:e0:0f:7a:4c:18), Dst: IPv4mcast_00:00:05 (01:00:5e:00:00:05)
⊞ Internet Protocol, Src: 172.16.23.2 (172.16.23.2), Dst: 224.0.0.5 (224.0.0.5)
⊟ Open Shortest Path First
  ⊞ OSPF Header
  ⊟ OSPF Hello Packet
      Network Mask: 255.255.255.0
      Hello Interval: 10 seconds
    ⊞ Options: 0x02 (E)
      Router Priority: 1
      Router Dead Interval: 40 seconds
      Designated Router: 0.0.0.0
      Backup Designated Router: 0.0.0.0
      Active Neighbor: 10.10.10.1
```

！RA 和 RB 检测到邻居，并将对方在邻居表中的状态改为 init。

```
⊞ Frame 15 (82 bytes on wire, 82 bytes captured)
⊞ Ethernet II, Src: Shanghai_7a:4c:20 (00:e0:0f:7a:4c:20), Dst: IPv4mcast_00:00:05 (01:00:5e:00:00:05)
⊞ Internet Protocol, Src: 172.16.23.1 (172.16.23.1), Dst: 224.0.0.5 (224.0.0.5)
⊟ Open Shortest Path First
  ⊞ OSPF Header
  ⊟ OSPF Hello Packet
      Network Mask: 255.255.255.0
      Hello Interval: 10 seconds
    ⊞ Options: 0x02 (E)
      Router Priority: 1
      Router Dead Interval: 40 seconds
      Designated Router: 172.16.23.2
      Backup Designated Router: 172.16.23.1
      Active Neighbor: 10.10.11.1
⊞ Frame 26 (82 bytes on wire, 82 bytes captured)
⊞ Ethernet II, Src: Shanghai_7a:4c:18 (00:e0:0f:7a:4c:18), Dst: IPv4mcast_00:00:05 (01:00:5e:00:00:05)
⊞ Internet Protocol, Src: 172.16.23.2 (172.16.23.2), Dst: 224.0.0.5 (224.0.0.5)
⊟ Open Shortest Path First
  ⊞ OSPF Header
  ⊟ OSPF Hello Packet
      Network Mask: 255.255.255.0
      Hello Interval: 10 seconds
    ⊞ Options: 0x02 (E)
      Router Priority: 1
      Router Dead Interval: 40 seconds
      Designated Router: 172.16.23.1
      Backup Designated Router: 172.16.23.2
      Active Neighbor: 10.10.10.1
```

！当从对方的 hello 包中看到自己发送的 Hello 包，则将对方在邻居表中的状态变为 2-way，并通过比较 priority 和 router-id，选出 DR 及 BDR。

```
⊞ Frame 14 (66 bytes on wire, 66 bytes captured)
⊞ Ethernet II, Src: Shanghai_7a:4c:20 (00:e0:0f:7a:4c:20), Dst: Shanghai_7a:4c:18 (00:e0:0f:7a:4c:18)
⊞ Internet Protocol, Src: 172.16.23.1 (172.16.23.1), Dst: 172.16.23.2 (172.16.23.2)
⊟ Open Shortest Path First
  ⊞ OSPF Header
  ⊟ OSPF DB Description
      Interface MTU: 0
    ⊞ Options: 0x02 (E)
    ⊟ DB Description: 0x07 (I, M, MS)
        .... 0... = R: OOBResync bit is NOT set
        .... .1.. = I: Init bit is SET
        .... ..1. = M: More bit is SET
        .... ...1 = MS: Master/Slave bit is SET
      DD Sequence: 175
⊞ Frame 16 (66 bytes on wire, 66 bytes captured)
⊞ Ethernet II, Src: Shanghai_7a:4c:18 (00:e0:0f:7a:4c:18), Dst: Shanghai_7a:4c:20 (00:e0:0f:7a:4c:20)
⊞ Internet Protocol, Src: 172.16.23.2 (172.16.23.2), Dst: 172.16.23.1 (172.16.23.1)
⊟ Open Shortest Path First
  ⊞ OSPF Header
  ⊟ OSPF DB Description
      Interface MTU: 0
    ⊞ Options: 0x02 (E)
    ⊟ DB Description: 0x07 (I, M, MS)
        .... 0... = R: OOBResync bit is NOT set
        .... .1.. = I: Init bit is SET
        .... ..1. = M: More bit is SET
        .... ...1 = MS: Master/Slave bit is SET
      DD Sequence: 176
```

！2-way 状态后，RA 和 RB 马上通过单播方式给对方发送空 DBD 包，互相宣称自己是主设备(MS=1)收到空 DBD 包后,进入 ExStart 状态。

```
⊞ Frame 17 (86 bytes on wire, 86 bytes captured)
⊞ Ethernet II, Src: Shanghai_7a:4c:20 (00:e0:0f:7a:4c:20), Dst: Shanghai_7a:4c:18 (00:e0:0f:7a:4c:18)
⊞ Internet Protocol, Src: 172.16.23.1 (172.16.23.1), Dst: 172.16.23.2 (172.16.23.2)
⊟ Open Shortest Path First
  ⊞ OSPF Header
  ⊟ OSPF DB Description
      Interface MTU: 0
    ⊞ Options: 0x02 (E)
    ⊟ DB Description: 0x00 ()
        .... 0... = R: OOBResync bit is NOT set
        .... .0.. = I: Init bit is NOT set
        .... ..0. = M: More bit is NOT set
        .... ...0 = MS: Master/Slave bit is NOT set
      DD Sequence: 176
  ⊟ LSA Header
      LS Age: 4 seconds
      Do Not Age: False
    ⊞ Options: 0x20 (DC)
      Link-State Advertisement Type: Router-LSA (1)
      Link State ID: 10.10.10.1
      Advertising Router: 10.10.10.1 (10.10.10.1)
      LS Sequence Number: 0x80000002
      LS Checksum: 0xb56b
      Length: 36
```

！通过比较 RouterID，RB 为主设备(只有主设备才能增加序列号)，RA 为从设备，当从设备收到一个主设备发出的 DBD 空包后，从设备需要使用相同的序列号的 DBD 包来确认主设备的 DBD 包，当主从设备选举出来后，将对方在邻居表中的状态改为 Exchange，同时从设备发出的也是第一个带 LSA 头部的 DBD 包，包中的序列号等于主设备发给从设备的最后一个空 DBD 包中的序列号。

```
⊞ Frame 18 (86 bytes on wire, 86 bytes captured)
⊞ Ethernet II, Src: Shanghai_7a:4c:18 (00:e0:0f:7a:4c:18), Dst: Shanghai_7a:4c:20 (00:e0:0f:7a:4c:20)
⊞ Internet Protocol, Src: 172.16.23.2 (172.16.23.2), Dst: 172.16.23.1 (172.16.23.1)
⊟ Open Shortest Path First
  ⊞ OSPF Header
  ⊟ OSPF DB Description
      Interface MTU: 0
    ⊞ Options: 0x02 (E)
    ⊟ DB Description: 0x01 (MS)
        .... 0... = R: OOBResync bit is NOT set
        .... .0.. = I: Init bit is NOT set
        .... ..0. = M: More bit is NOT set
        .... ...1 = MS: Master/Slave bit is SET
      DD Sequence: 177
  ⊟ LSA Header
      LS Age: 2 seconds
      Do Not Age: False
    ⊞ Options: 0x20 (DC)
      Link-State Advertisement Type: Router-LSA (1)
      Link State ID: 10.10.11.1
      Advertising Router: 10.10.11.1 (10.10.11.1)
      LS Sequence Number: 0x80000002
      LS Checksum: 0xa37b
      Length: 36
```

！主设备 RB 也单播一个带 LSA 头部的 DBD 包给从设备 RA 并将序列号加 1，同时把 M 位置 0，通知 R1(我的 LSA 已发完)。

```
⊞ Frame 20 (66 bytes on wire, 66 bytes captured)
⊞ Ethernet II, Src: Shanghai_7a:4c:20 (00:e0:0f:7a:4c:20), Dst: Shanghai_7a:4c:18 (00:e0:0f:7a:4c:18)
⊞ Internet Protocol, Src: 172.16.23.1 (172.16.23.1), Dst: 172.16.23.2 (172.16.23.2)
⊟ Open Shortest Path First
  ⊞ OSPF Header
  ⊟ OSPF DB Description
      Interface MTU: 0
    ⊞ Options: 0x02 (E)
    ⊟ DB Description: 0x00 ()
        .... 0... = R: OOBResync bit is NOT set
        .... .0.. = I: Init bit is NOT set
        .... ..0. = M: More bit is NOT set
        .... ...0 = MS: Master/Slave bit is NOT set
      DD Sequence: 177
```

！最后，重发一个空 DBD 包，用于确认 RB 上一个 DBD 包（序列号相同），至此，链路状态数据库交换完毕。

```
⊞ Frame 19 (70 bytes on wire, 70 bytes captured)
⊞ Ethernet II, Src: Shanghai_7a:4c:18 (00:e0:0f:7a:4c:18), Dst: Shanghai_7a:4c:20 (00:e0:0f:7a:4c:20)
⊞ Internet Protocol, Src: 172.16.23.2 (172.16.23.2), Dst: 172.16.23.1 (172.16.23.1)
⊟ Open Shortest Path First
  ⊞ OSPF Header
  ⊟ Link State Request
      Link-State Advertisement Type: Router-LSA (1)
      Link State ID: 10.10.10.1
      Advertising Router: 10.10.10.1 (10.10.10.1)
⊞ Frame 21 (70 bytes on wire, 70 bytes captured)
⊞ Ethernet II, Src: Shanghai_7a:4c:20 (00:e0:0f:7a:4c:20), Dst: Shanghai_7a:4c:18 (00:e0:0f:7a:4c:18)
⊞ Internet Protocol, Src: 172.16.23.1 (172.16.23.1), Dst: 172.16.23.2 (172.16.23.2)
⊟ Open Shortest Path First
  ⊞ OSPF Header
  ⊟ Link State Request
      Link-State Advertisement Type: Router-LSA (1)
      Link State ID: 10.10.11.1
      Advertising Router: 10.10.11.1 (10.10.11.1)
```

！Exchange 状态在 DBD 交换完毕后，进入 Loading 状态，开始互发 LSR 请求对方更新 LSA。

```
⊞ Frame 22 (98 bytes on wire, 98 bytes captured)
⊞ Ethernet II, Src: Shanghai_7a:4c:20 (00:e0:0f:7a:4c:20), Dst: Shanghai_7a:4c:18 (00:e0:0f:7a:4c:18)
⊞ Internet Protocol, Src: 172.16.23.1 (172.16.23.1), Dst: 172.16.23.2 (172.16.23.2)
⊟ Open Shortest Path First
  ⊟ OSPF Header
      OSPF Version: 2
      Message Type: LS Update (4)
      Packet Length: 64
      Source OSPF Router: 10.10.10.1 (10.10.10.1)
      Area ID: 0.0.0.0 (Backbone)
      Packet Checksum: 0xa6ed [correct]
      Auth Type: Null
      Auth Data (none)
  ⊟ LS Update Packet
      Number of LSAs: 1
    ⊞ LS Type: Router-LSA
⊞ Frame 23 (98 bytes on wire, 98 bytes captured)
⊞ Ethernet II, Src: Shanghai_7a:4c:18 (00:e0:0f:7a:4c:18), Dst: Shanghai_7a:4c:20 (00:e0:0f:7a:4c:20)
⊞ Internet Protocol, Src: 172.16.23.2 (172.16.23.2), Dst: 172.16.23.1 (172.16.23.1)
⊟ Open Shortest Path First
  ⊟ OSPF Header
      OSPF Version: 2
      Message Type: LS Update (4)
      Packet Length: 64
      Source OSPF Router: 10.10.11.1 (10.10.11.1)
      Area ID: 0.0.0.0 (Backbone)
      Packet Checksum: 0xb5df [correct]
      Auth Type: Null
      Auth Data (none)
  ⊟ LS Update Packet
      Number of LSAs: 1
    ⊞ LS Type: Router-LSA
```

！双方会多次互发 LSU 回应对方的报文更新 LSA。

```
⊞ Frame 27 (98 bytes on wire, 98 bytes captured)
⊞ Ethernet II, Src: Shanghai_7a:4c:20 (00:e0:0f:7a:4c:20), Dst: IPv4mcast_00:00:05 (01:00:5e:00:00:05)
⊞ Internet Protocol, Src: 172.16.23.1 (172.16.23.1), Dst: 224.0.0.5 (224.0.0.5)
⊟ Open Shortest Path First
  ⊟ OSPF Header
      OSPF Version: 2
      Message Type: LS Update (4)
      Packet Length: 64
      Source OSPF Router: 10.10.10.1 (10.10.10.1)
      Area ID: 0.0.0.0 (Backbone)
      Packet Checksum: 0x7a1e [correct]
      Auth Type: Null
      Auth Data (none)
  ⊟ LS Update Packet
      Number of LSAs: 1
    ⊞ LS Type: Router-LSA
⊞ Frame 32 (94 bytes on wire, 94 bytes captured)
⊞ Ethernet II, Src: Shanghai_7a:4c:18 (00:e0:0f:7a:4c:18), Dst: IPv4mcast_00:00:05 (01:00:5e:00:00:05)
⊞ Internet Protocol, Src: 172.16.23.2 (172.16.23.2), Dst: 224.0.0.5 (224.0.0.5)
⊟ Open Shortest Path First
  ⊟ OSPF Header
      OSPF Version: 2
      Message Type: LS Update (4)
      Packet Length: 60
      Source OSPF Router: 10.10.11.1 (10.10.11.1)
      Area ID: 0.0.0.0 (Backbone)
      Packet Checksum: 0xa4f6 [correct]
      Auth Type: Null
      Auth Data (none)
  ⊟ LS Update Packet
      Number of LSAs: 1
    ⊞ LS Type: Network-LSA
```

！因为处在广播状态下，因此，还要发送一种作为洪泛更新报文（也是多次互发），注意比较两种 LSU 的目的地址和 LSU 类型，其中 2 型 LSA 只有 DR 才能生成。

```
⊞ Frame 28 (78 bytes on wire, 78 bytes captured)
⊞ Ethernet II, Src: Shanghai_7a:4c:18 (00:e0:0f:7a:4c:18), Dst: IPv4mcast_00:00:05 (01:00:5e:00:00:05)
⊞ Internet Protocol, Src: 172.16.23.2 (172.16.23.2), Dst: 224.0.0.5 (224.0.0.5)
⊟ Open Shortest Path First
  ⊞ OSPF Header
  ⊟ LSA Header
      LS Age: 1 seconds
      Do Not Age: False
    ⊞ Options: 0x20 (DC)
      Link-State Advertisement Type: Router-LSA (1)
      Link State ID: 10.10.10.1
      Advertising Router: 10.10.10.1 (10.10.10.1)
      LS Sequence Number: 0x80000003
      LS Checksum: 0x1f2b
      Length: 36
```

```
⊞ Frame 34 (98 bytes on wire, 98 bytes captured)
⊞ Ethernet II, Src: Shanghai_7a:4c:20 (00:e0:0f:7a:4c:20), Dst: IPv4mcast_00:00:05 (01:00:5e:00:00:05)
⊞ Internet Protocol, Src: 172.16.23.1 (172.16.23.1), Dst: 224.0.0.5 (224.0.0.5)
⊟ Open Shortest Path First
  ⊞ OSPF Header
  ⊟ LSA Header
      LS Age: 1 seconds
      Do Not Age: False
    ⊞ Options: 0x20 (DC)
      Link-State Advertisement Type: Router-LSA (1)
      Link State ID: 10.10.11.1
      Advertising Router: 10.10.11.1 (10.10.11.1)
      LS Sequence Number: 0x80000004
      LS Checksum: 0x192d
      Length: 36
  ⊟ LSA Header
      LS Age: 1 seconds
      Do Not Age: False
    ⊞ Options: 0x20 (DC)
      Link-State Advertisement Type: Network-LSA (2)
      Link State ID: 172.16.23.2
      Advertising Router: 10.10.11.1 (10.10.11.1)
      LS Sequence Number: 0x80000001
      LS Checksum: 0xa363
      Length: 32
```

！同时对应 LSR 会有相应的 LSAck 用来收到更新 LSA 后的确认

最后通过多次 LSR，多次 LSU 交换以后，RA 和 RB 的 LSDB 链路状态数据库同步完成,它们都达到 Full 状态，邻居关系建立完毕。

结论：

1. 在广播环境下，OSPF 的邻居关系是自动建立的，并且需要有 DR/BDR 地选取；

2. 注意几个特别计时器的设置，hello 间隔为 10s，死亡，等待时间为 hello 时间间隔的 4 倍，即 40s。

注意事项和排错

本实训拓扑简单，可以改做环状拓扑，比对更直观。

共同思考

1. 选举 DR 和 DBR 的作用是什么？
2. 若 DR 失效了，OSPF 如何避免在重新选举新的 DR 的过程中网路无法通信？

课后练习

1. 参照手册，观察 OSPF 数据库在邻居建立前后的变化情况。
2. 修改 OSPF 接口类型，重复实训观察效果。

实训十 OSPF在点对点环境下邻居发现过程

实训目的

1. 掌握邻居关系的建立过程
2. 能够分析得到 OSPF 在点对点环境下邻居发现过程
3. 了解各种定时器的默认设置

应用环境

本实训中，我们将针对 OSPF 在点对点网络环境下的邻居发现和状态作详细的实训分析。本实训在实训室环境中模拟在线路点对点状态下 OSPF 邻居的发现及选举过程。由于本实训中使用的命令有限，详细的参数和讲解请参阅产品配套手册。

实训设备

1. DCR-2611 三台（Version 1.3.3G (MIDDLE)）
2. CR-V35FC 二根
3. CR-V35MT 二根

实训拓扑

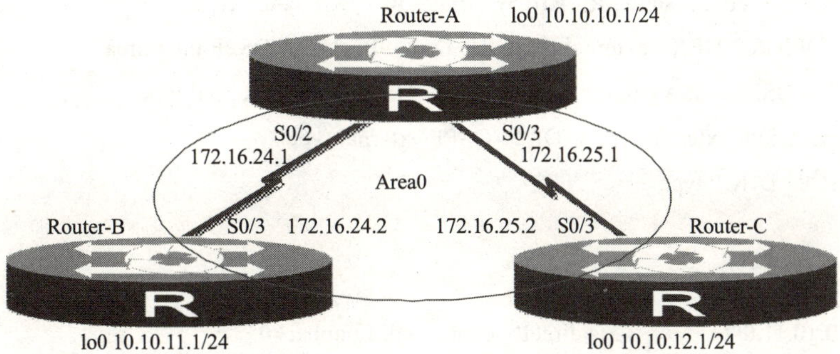

实训要求

Router-A		Router-B		Router-C	
Serial0/2	172.16.24.1/24	Serial0/3	172.16.24.2/24	Serial0/3	172.16.25.2/24
Serial0/3	172.16.25.1/24				
Loopback 0	10.10.10.1/24	Loopback 0	10.10.11.1/24	Loopback 0	10.10.12.1/24

1. 按照拓扑图连接网络
2. 按照要求配置路由器各接口地址

实训步骤

第一步：按照上表配置路由器名称、接口的 IP 地址，保证所有接口全部是 up 状态，测试连通性。

第二步：启动 Router-A、B、C 上开启单区域 OSPF，并且宣告直连接口的网络。

Router-A:

```
Router-A_config#router ospf 1
Router-A_config_ospf_1#network 172.16.24.0 255.255.255.0 area 0
Router-C_config_ospf_1#network 172.16.25.0 255.255.255.0 area 0
```

Router-B:

```
Router-B_config#router ospf 1
Router-B_config_ospf_1#network 172.16.24.0 255.255.255.0 area 0
```

Router-C:

```
Router-C_config#router ospf 1
Router-C_config_ospf_1#network 172.16.25.0 255.255.255.0 area 0
```

第三步：查看路由表，是否存在 OSPF 路由。

Router-B:

```
Router-B#show ip route
Codes: C - connected, S - static, R - RIP, B - BGP, BC - BGP connected
       D - DEIGRP, DEX - external DEIGRP, O - OSPF, OIA - OSPF inter area
       ON1 - OSPF NSSA external type 1, ON2 - OSPF NSSA external type 2
       OE1 - OSPF external type 1, OE2 - OSPF external type 2
       DHCP - DHCP type

VRF ID: 0

C      10.10.11.0/24      is directly connected, Loopback0
C      172.16.24.0/24     is directly connected, Serial0/3
```

```
O        172.16.25.0/24        [110,3200] via 172.16.24.1(on Serial0/3)
```

Router-C:

```
Router-C#show ip route
Codes: C - connected, S - static, R - RIP, B - BGP, BC - BGP connected
       D - DEIGRP, DEX - external DEIGRP, O - OSPF, OIA - OSPF inter area
       ON1 - OSPF NSSA external type 1, ON2 - OSPF NSSA external type 2
       OE1 - OSPF external type 1, OE2 - OSPF external type 2
       DHCP - DHCP type

VRF ID: 0

C        10.10.12.0/24         is directly connected, Loopback0
O        172.16.24.0/24        [110,3200] via 172.16.25.1(on Serial0/3)
C        172.16.25.0/24        is directly connected, Serial0/3
```

！按照实训拓扑，我们在 Router-B 和 C 上都看到了“O”路由，表示这条路由是从 OSPF 学到的。

第四步：使用 show ip ospf interface 命令查看端口类型。

Router-A:

```
Router-A_config#show ip ospf interface
Serial0/2 is up, line protocol is up
    Internet Address: 172.16.24.1/24
    Interface index: 2
    Nettype: Point-to-Point
```

！接口的网络类型是点到点

```
    OSPF process is 1,   AREA: 0, Router ID: 10.10.10.1
```

！OSPF 进程号是 1，处在 0 区域，Router ID 就是 loopback IP 地址

```
    Cost: 1600, Transmit Delay is 1 sec, Priority 1
    Hello interval is 10, Dead timer is 40, Retransmit is 5
```

！默认的优先级、Hello 间隔和死亡时间。

```
    OSPF INTF State is IPOINT_TO_POINT
    Neighbor Count is 1, Adjacent neighbor count is 1
        Adjacent with neighbor 172.16.24.2
```

！这里指明了自己的邻居的数量和邻居的身份，对比广播环境实训，我们发现这里没有 DR/DBR

```
Serial0/3 is up, line protocol is up
    Internet Address: 172.16.25.1/24
    Interface index: 3
```

```
    Nettype: Point-to-Point
    OSPF process is 1,   AREA: 0, Router ID: 10.10.10.1
    Cost: 1600, Transmit Delay is 1 sec, Priority 1
    Hello interval is 10, Dead timer is 40, Retransmit is 5
    OSPF INTF State is IPOINT_TO_POINT
    Neighbor Count is 1, Adjacent neighbor count is 1
        Adjacent with neighbor 172.16.25.2
                                    ! 与 Serial0/2 相同，只有邻居没有 DR/DBR
```

Router-B:

```
Router-B_config#show ip ospf interface
Serial0/3 is up, line protocol is up
    Internet Address: 172.16.24.2/24
    Interface index: 3
    Nettype: Point-to-Point
    OSPF process is 1,   AREA: 0, Router ID: 10.10.11.1
    Cost: 1600, Transmit Delay is 1 sec, Priority 1
    Hello interval is 10, Dead timer is 40, Retransmit is 5
    OSPF INTF State is IPOINT_TO_POINT
    Neighbor Count is 1, Adjacent neighbor count is 1
        Adjacent with neighbor 172.16.24.1
```

Router-C:

```
Router-C_config#show ip ospf interface
Serial0/3 is up, line protocol is up
    Internet Address: 172.16.25.2/24
    Interface index: 3
    Nettype: Point-to-Point
    OSPF process is 1,   AREA: 0, Router ID: 10.10.12.1
    Cost: 1600, Transmit Delay is 1 sec, Priority 1
    Hello interval is 10, Dead timer is 40, Retransmit is 5
    OSPF INTF State is IPOINT_TO_POINT
    Neighbor Count is 1, Adjacent neighbor count is 1
        Adjacent with neighbor 172.16.25.1
```

第五步：使用 show ip ospf neighbor 命令查看 OSPF 邻居表。

Router-A:

```
Router-A_config#show ip ospf neighbor
---------------------------------------------------------------------------
                          OSPF process: 1
```

```
                              AREA: 0
Neighbor ID    Pri   State           DeadTime Neighbor Addr   Interface
10.10.11.1     1     FULL/-          34       172.16.24.2     FastEthernet0/0
10.10.12.1     1     FULL/-          36       172.16.24.3     FastEthernet0/0
------------------------------------------------------------------------------
```

Router-B:

```
Router-B_config#show ip ospf neighbor
------------------------------------------------------------------------------
                         OSPF process: 1
                          AREA: 0
Neighbor ID    Pri   State          DeadTime Neighbor Addr   Interface
10.10.10.1     1     FULL/-          39      172.16.24.1     FastEthernet0/0
10.10.12.1     1     FULL/-          34      172.16.24.3     FastEthernet0/0
------------------------------------------------------------------------------
```

Router-C:

```
Router-C_config#show ip ospf neighbor
------------------------------------------------------------------------------
                         OSPF process: 1
                          AREA: 0
Neighbor ID    Pri    State         DeadTime   Neighbor Addr    Interface
10.10.10.1      1     FULL/-          33       172.16.24.1     FastEthernet0/0
10.10.11.1      1     FULL/-          36       172.16.24.2     FastEthernet0/0
------------------------------------------------------------------------------
```

！通过上面的输出可以知道发现在点对点环境下，邻居关系是自动建立，并且没有选举 DR/BDR

第六步：使用 show ip ospf database 查看 LSA 类型。

Router-A:

```
Router-A#show ip ospf database
------------------------------------------------------------------------------
                     OSPF process: 1
                     (Router ID: 10.10.10.1)

                     AREA: 0
                     Router Link States
Link ID        ADV Router      Age         Seq Num       Checksum  Link Count
10.10.10.1     10.10.10.1      193         0x80000005    0xcf45    4
10.10.11.1     10.10.11.1      186         0x80000003    0x810c    2
```

```
10.10.12.1      10.10.12.1      180     0x80000003     0x91f7     2
--------------------------------------------------------------------------------
```

Router-B:

```
Router-B#show ip ospf database
--------------------------------------------------------------------------------
                    OSPF process: 1
                    (Router ID: 10.10.11.1)

                    AREA: 0
                  Router Link States
Link ID         ADV Router      Age     Seq Num        Checksum Link Count
10.10.10.1      10.10.10.1      407     0x80000005     0xcf45     4
10.10.11.1      10.10.11.1      397     0x80000003     0x810c     2
10.10.12.1      10.10.12.1      393     0x80000003     0x91f7     2
--------------------------------------------------------------------------------
```

Router-C:

```
Router-C#show ip ospf database
--------------------------------------------------------------------------------
                  OSPF process: 1
                  (Router ID: 10.10.12.1)

                    AREA: 0
                      Router Link States
Link ID         ADV Router      Age     Seq Num        Checksum Link Count
10.10.10.1      10.10.10.1      448     0x80000005     0xcf45     4
10.10.11.1      10.10.11.1      441     0x80000003     0x810c     2
10.10.12.1      10.10.12.1      433     0x80000003     0x91f7     2
--------------------------------------------------------------------------------
```

！观察到三台路由器上都只有 1 类 LSA，并且三台路由器的 LSDB 完全一样，说明了在同一个区域内的所有 OSPF 路由器的 LSDB 仍然需要同步。

第七步：使用 debug ip ospf adj 查看邻居的建立过程。

```
Router-A#
2002-1-1 00:01:52 OSPF: Interface 172.16.24.0 on Serial0/2 going Up
2002-1-1 00:01:52 OSPF: Interface 172.16.25.0 on Serial0/3 going Up
2002-1-1 00:02:03 OSPF: 2 Way Communication to 10.10.11.1 on Serial0/2, state 2WAY
```

！本状态表示双方互相收到了对端发送的 HELLO 报文，建立了邻居关系，可以看出这里2-WAY后没有DR或BDR的选举过程，而是直接进入了NEXSTART。

2002-1-1 00:02:03 OSPF: NBR 10.10.11.1 on Serial0/2 Adjacency OK, state NEXSTART.

！R1收到来自R2的DBD

2002-1-1 00:02:03 OSPF: NBR 172.16.24.2 Negotiation Done. We are the SLAVE. seq 117

！这是第一个DBD数据包，R1和R2都不是SLAVE

2002-1-1 00:02:03 OSPF: NBR 10.10.11.1 on Serial0/2 Negotiation Done. We are the SLAVE

！在此状态下，路由器和它的邻居之间通过互相交换空的DBD报文（参考广播环境下抓包分析）来决定发送时的主/从关系。建立主/从关系主要是为了保证在后续的DBD报文交换中能够有序的发送。

2002-1-1 00:02:03 OSPF: Exchange Done with 10.10.11.1 on Serial0/2

！在这里路由器向它的邻居发送数据库描述。同时在这个状态下，本地路由器也会发送链路状态请求，请求最新的LSA。路由器将本地的LSDB用DD报文来描述，并发给邻居。

2002-1-1 00:02:03 OSPF: Loading Done with 10.10.11.1 on Serial0/2, database Synchronized (FULL)

！最后经过Lodging状态，邻居路由器之间将建立完全邻接关系。

2002-1-1 00:02:03 OSPF: 2 Way Communication to 10.10.12.1 on Serial0/3, state 2WAY

2002-1-1 00:02:03 OSPF: NBR 10.10.12.1 on Serial0/3 Adjacency OK, state NEXSTART.

2002-1-1 00:02:03 OSPF: NBR 172.16.25.2 Negotiation Done. We are the SLAVE. seq 114

2002-1-1 00:02:03 OSPF: NBR 10.10.12.1 on Serial0/3 Negotiation Done. We are the SLAVE

2002-1-1 00:02:03 OSPF: Exchange Done with 10.10.12.1 on Serial0/3

2002-1-1 00:02:03 OSPF: Loading Done with 10.10.12.1 on Serial0/3, database Synchronized (FULL)

结论： 在点对点环境下，OSPF的邻居关系为自动发现，没有DR/BDR的选举。

注意事项和排错

本实训拓扑简单，可以改做环状拓扑，比对更直观。

共同思考

在点对点环境中，OSPF是用什么地址传送数据的？

课后练习

修改默认时间设置，重复实训，观察结果。

实训十一 OSPF 在 NBMA 环境下的各种接口类型

实训目的

1. 掌握邻居关系的建立过程
2. 掌握 OSPF 在 NBMA 环境下的配置和观察 OSPF 在 NBMA 下特征
3. 了解各种定时器的默认设置

应用环境

在本次实训中我们重点讨论在 NBMA 环境下各种接口类型对邻居关系建立的区别，在由于本实训理论性质较强，在实际环境中应用不大，实训的目的也只要在于掌握 OSPF 在 NBMA 环境下的配置和观察 OSPF 在 NBMA 下特征。

实训设备

1. DCR-2611 三台（Version 1.3.3G (MIDDLE)）
2. CR-V35FC 二根
3. CR-V35MT 二根

实训拓扑

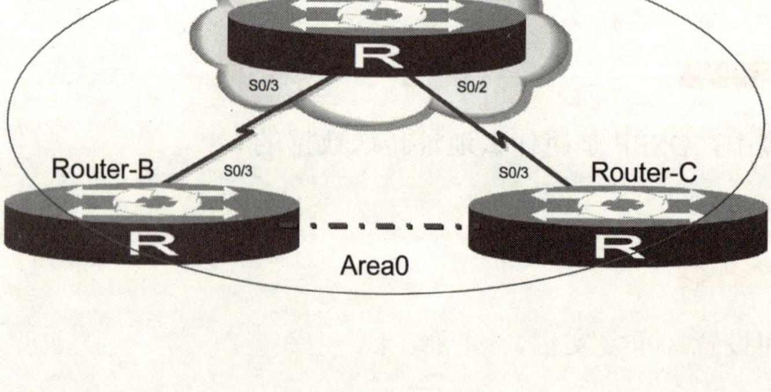

实训要求

Router-A		Router-B		Router-C	
Serial0/2	DLCI 100	Serial0/3	172.16.24.1/24	Serial0/3	172.16.24.2/24
Serial0/3	DLCI 200				
Loopback 0	10.10.10.1/24	Loopback 0	10.10.11.1/24	Loopback 0	10.10.12.1/24

1. 按照拓扑图连接网络
2. 按照要求配置路由器各接口地址

实训步骤

第一步：按照上表配置路由器名称、接口的 IP 地址，保证所有接口全部是 up 状态，测试连通性。

第二步：参考前实训配置帧中继交换网络。

第三步：开启 RB、RC 上的 OSPF，按类型观察结果：Nettype—— Non_Broadcast（默认）。

观察默认状态下邻居表的状况：

Router-B:

```
Router-B_config#show ip ospf neighbor
---------------------------------------------------------------------
                         OSPF process: 1
                          AREA: 0
Neighbor ID     Pri     State            DeadTime Neighbor Addr   Interface
---------------------------------------------------------------------
```

Router-C:

```
Router-C_config#show ip ospf neighbor
---------------------------------------------------------------------
                         OSPF process: 1
                          AREA: 0
Neighbor ID     Pri     State            DeadTime Neighbor Addr   Interface
---------------------------------------------------------------------
```

！发现没有邻居。说明在这种情况下邻居需要手动配置。

手工指定邻居，然后观察邻居表：

Router-B:

```
Router-B_config#router ospf 1
Router-B_config_ospf_1#neighbor 172.16.24.2
```

Router-C:

```
Router-C_config#router ospf 1
Router-C_config_ospf_1#neighbor 172.16.24.1
```

Router-B:

```
Router-B_config#show ip ospf neighbor
-------------------------------------------------------------------------------------
                         OSPF process: 1
                          AREA: 0
Neighbor ID     Pri     State           DeadTime     Neighbor Addr    Interface
10.10.12.1       1      FULL/DR            96        172.16.24.2      Serial0/3
-------------------------------------------------------------------------------------
```

Router-C:

```
Router-C_config#show ip ospf neighbor
-------------------------------------------------------------------------------------
                         OSPF process: 1
                          AREA: 0
Neighbor ID     Pri   State             DeadTime     Neighbor Addr    Interface
10.10.11.1       1      FULL/BDR          112        172.16.24.1      Serial0/3
-------------------------------------------------------------------------------------
```

！发现邻居并且有 DR 与 BDR 的选举。

查看 RB 上 OSPF 接口的类型：

Router-B:

```
Router-B_config#show ip ospf interface
Serial0/3 is up, line protocol is up
  Internet Address: 172.16.24.1/24
  Interface index: 3
  Nettype: Non-Broadcast                    ！处于 NBMA 默认的接口网络类型。
  OSPF process is 1,   AREA: 0, Router ID: 10.10.11.1
  Cost: 1600, Transmit Delay is 1 sec, Priority 1
  Hello interval is 30, Dead timer is 120, Retransmit is 5
                                            ！注意 Hello 的时间，与广播和点对点的时间作对比。
  OSPF INTF State is IBACKUP
  Designated Router ID: 10.10.12.1, Interface address 172.16.24.2
  Backup Designated Router ID: 10.10.11.1, Interface address 172.16.24.1
  Neighbor Count is 1, Adjacent neighbor count is 1
      Adjacent with neighbor 10.10.12.1 (Designated Router)
                                            ！手动声明之后选举了 DR 和 DBR。
```

打开 Debug 查看 OSPF 邻居事件：

```
2002-1-1 00:01:03 OSPF: Interface 172.16.24.0 on Serial0/3 going Up
2002-1-1 00:01:25 OSPF: 2 Way Communication to 10.10.12.1 on Serial0/3, state 2WAY
2002-1-1 00:03:03 OSPF: Interface 172.16.24.0 on Serial0/3 Waittmr expired
2002-1-1 00:03:03 OSPF: NBR 10.10.12.1 on Serial0/3 Adjacency OK, state NEXSTART.
2002-1-1 00:03:05 OSPF: NBR 172.16.24.2 Negotiation Done. We are the SLAVE. seq 167
2002-1-1 00:03:05 OSPF: NBR 10.10.12.1 on Serial0/3 Negotiation Done. We are the SLAVE
2002-1-1 00:03:05 OSPF: Exchange Done with 10.10.12.1 on Serial0/3
2002-1-1 00:03:05 OSPF: Loading Done with 10.10.12.1 on Serial0/3, database Synchronized (FULL)
```

!（观察到在默认这种网络类型中，所有 OSPF 报文的目的地址都为单播地址——邻居接口的 IP 地址。）

第四步： Nettype——Broadcast。

首先去掉刚才手动配置的邻居关系：

Router-B:

```
Router-B_config#router ospf 1
Router-B_config_ospf_1#no neighbor 172.16.24.2
```

Router-C:

```
Router-C_config#router ospf 1
Router-C_config_ospf_1#no neighbor 172.16.24.1
```

将 RB 和 RC 接口的网络类型改成 Broadcast：

Router-B:

```
Router-B_config_ospf_1#interface s0/3
Router-B_config_s0/3#ip ospf network broadcast
```

Router-C:

```
Router-C_config_ospf_1#interface s0/3
Router-C_config_s0/3#ip ospf network broadcast
```

查看 RB 上 OSPF 接口的类型：

Router-B:

```
Router-B_config#show ip ospf interface
Serial0/3 is up, line protocol is up
    Internet Address: 172.16.24.1/24
    Interface index: 3
    Nettype: Broadcast                    ！接口的网络的类型是广播。
    OSPF process is 1,   AREA: 0, Router ID: 10.10.11.1
    Cost: 1600, Transmit Delay is 1 sec, Priority 1
    Hello interval is 10, Dead timer is 40, Retransmit is 5
```

！默认的优先级、Hello 间隔和死亡时间，都与广播环境实训相同。

```
OSPF INTF State is IBACKUP
Designated Router ID: 10.10.12.1, Interface address 172.16.24.2
Backup Designated Router ID: 10.10.11.1, Interface address 172.16.24.1
```

！不需要手动配置邻居关系，自动选举了 DR 和 DBR。

```
Neighbor Count is 1, Adjacent neighbor count is 1
    Adjacent with neighbor 10.10.12.1 (Designated Router)
```

打开 Debug 查看 OSPF 邻居事件：

```
2002-1-1 00:39:30 OSPF: Interface 172.16.24.0 on Serial0/3 going down
2002-1-1 00:39:30 OSPF: Interface 172.16.24.0 on Serial0/3 going Up
2002-1-1 00:39:45 OSPF: 2 Way Communication to 10.10.12.1 on Serial0/3, state 2WAY
2002-1-1 00:40:10 OSPF: Interface 172.16.24.0 on Serial0/3 Waittmr expired
2002-1-1 00:40:10 OSPF: NBR 10.10.12.1 on Serial0/3 Adjacency OK, state NEXSTART.
2002-1-1 00:40:20 OSPF: NBR 172.16.24.2 Negotiation Done. We are the SLAVE. seq 2413
2002-1-1 00:40:20 OSPF: NBR 10.10.12.1 on Serial0/3 Negotiation Done. We are the SLAVE
2002-1-1 00:40:20 OSPF: Exchange Done with 10.10.12.1 on Serial0/3
2002-1-1 00:40:20 OSPF: Loading Done with 10.10.12.1 on Serial0/3, database Synchronized (FULL)
```

！LSDB 链路状态数据库同步完成，它们都达到 Full 状态，邻接关系建立完毕，这说明了在这种网络类型下是不需要手动配置邻居关系的。

```
2002-1-1 00:40:25 OSPF: Interface 172.16.24.0 on Serial0/3 Nbr changed
2002-1-1 00:40:35 OSPF: Interface 172.16.24.0 on Serial0/3 Nbr changed
```

第五步： Nettype——Point-to-Point。

将 RB，RC 接口的网络类型改成 Point-to-Point：

Router-B:

```
Router-B_config_ospf_1#interface s0/3
Router-B_config_s0/3# ip ospf net point-to-point
```

Router-C:

```
Router-C_config_ospf_1#interface s0/3
Router-C_config_s0/3# ip ospf net point-to-point
```

查看 RB 上 OSPF 接口的类型：

Router-B:

```
Router-B_config#show ip ospf interface
Serial0/3 is up, line protocol is up
    Internet Address: 172.16.24.1/24
```

```
Interface index: 3
Nettype: Point-to-Point              ！接口的网络的类型是点到点。
OSPF process is 1,  AREA: 0, Router ID: 10.10.11.1
Cost: 1600, Transmit Delay is 1 sec, Priority 1
Hello interval is 10, Dead timer is 40, Retransmit is 5
                                     ！默认的优先级、Hello 间隔和死亡时间，都与点到点环境实训相同。
OSPF INTF State is IPOINT_TO_POINT
Neighbor Count is 1, Adjacent neighbor count is 1
                                     ！发现邻居但是并没有 DR 与 BDR 的选举。
   Adjacent with neighbor 172.16.24.2
```

观察点对点状态下邻居表的状况：

Router-B:

```
Router-B_config#show ip ospf neighbor
---------------------------------------------------------------------------------
                        OSPF process: 1
                         AREA: 0
Neighbor ID     Pri     State           DeadTime    Neighbor Addr    Interface
10.10.12.1      1       FULL/-            96        172.16.24.2      Serial0/3
---------------------------------------------------------------------------------
```

Router-C:

```
Router-C_config#show ip ospf neighbor
---------------------------------------------------------------------------------
                        OSPF process: 1
                         AREA: 0
Neighbor ID     Pri     State           DeadTime    Neighbor Addr    Interface
10.10.11.1      1       FULL/-            112       172.16.24.1      Serial0/3
---------------------------------------------------------------------------------
                        ！验证了发现邻居但是并没有 DR 与 BDR 的选举。
```

打开 Debug 查看 OSPF 邻居事件：

```
2002-1-1 19:40:59 OSPF NBR: 10.10.12.1 address  172.16.24.2 on Serial0/3 is dead, state DOWN
2002-1-1 19:40:59 OSPF: Interface 172.16.24.0 on Serial0/3 going Up
2002-1-1 19:41:06 OSPF: 2 Way Communication to 10.10.12.1 on Serial0/3, state 2WAY
2002-1-1 19:41:06 OSPF: NBR 10.10.12.1 on Serial0/3 Adjacency OK, state NEXSTART.
                        ！只有 2Way，没有后续的 DR/DBR 选举过程。
2002-1-1 19:41:06 OSPF: NBR 172.16.24.2 Negotiation Done. We are the SLAVE. seq 70858
2002-1-1 19:41:06 OSPF: NBR 10.10.12.1 on Serial0/3 Negotiation Done. We are the SLAVE
```

2002-1-1 19:41:06 OSPF: Exchange Done with 10.10.12.1 on Serial0/3

2002-1-1 19:41:06 OSPF: Loading Done with 10.10.12.1 on Serial0/3, database Synchronized (FULL)

！说明这种网络类型不需要手动指定邻居。

第六步： Nettype—— Point-to-Multipoint。

将 RB，RC 接口的网络类型改成 Point-to-Multipoint：

Router-B:

```
Router-B_config_ospf_1#interface s0/3
Router-B_config_s0/3# ip ospf net point-to-point
```

Router-C:

```
Router-C_config_ospf_1#interface s0/3
Router-C_config_s0/3# ip ospf net point-to-point
```

查看 RB 上 OSPF 接口的类型：

Router-B:

```
Router-B_config#show ip ospf interface
Serial0/3 is up, line protocol is up
  Internet Address: 172.16.24.1/24
  Interface index: 3
  Nettype: Point-to-MultiPoint with Broadcast
```

！接口的网络的类型是点到点。

```
  OSPF process is 1,    AREA: 0, Router ID: 10.10.11.1
  Cost: 1600, Transmit Delay is 1 sec, Priority 1
Hello interval is 30, Dead timer is 120, Retransmit is 5
```

！注意 Hello 时间的变化。

```
  OSPF INTF State is IPOINT_TO_MPOINT
  Neighbor Count is 1, Adjacent neighbor count is 1
      Adjacent with neighbor 10.10.12.1
```

！发现邻居但是并没有 DR 与 BDR 的选举。

观察点对点状态下邻居表的状况：

Router-B:

```
Router-B_config#show ip ospf neighbor
-----------------------------------------------------------------------------------------
                              OSPF process: 1
                                AREA: 0
Neighbor ID     Pri   State              DeadTime   Neighbor Addr    Interface
10.10.12.1      1     FULL/-                96      172.16.24.2      Serial0/3
-----------------------------------------------------------------------------------------
```

Router-C:

```
Router-C_config#show ip ospf neighbor
--------------------------------------------------------------------------------
                        OSPF process: 1
                         AREA: 0
Neighbor ID     Pri   State        DeadTime   Neighbor Addr    Interface
10.10.11.1      1     FULL/-         112      172.16.24.1      Serial0/3
--------------------------------------------------------------------------------
```

！验证了发现邻居但是并没有 DR 与 BDR 的选举。

打开 Debug 查看 OSPF 邻居事件：

```
2002-1-1 21:20:42 OSPF: Interface 172.16.24.0 on Serial0/3 going down
2002-1-1 21:20:42 OSPF NBR: 10.10.12.1 address   172.16.24.2 on Serial0/3 is dead, state DOWN
2002-1-1 21:20:42 OSPF: Interface 172.16.24.0 on Serial0/3 going Up
2002-1-1 21:21:07 OSPF: 2 Way Communication to 10.10.12.1 on Serial0/3, state 2WAY
2002-1-1 21:21:07 OSPF: NBR 10.10.12.1 on Serial0/3 Adjacency OK, state NEXSTART.
```

！只有 2Way，没有后续的 DR/DBR 选举过程。

```
2002-1-1 21:21:07 OSPF: NBR 172.16.24.2 Negotiation Done. We are the SLAVE. seq 76859
2002-1-1 21:21:07 OSPF: NBR 10.10.12.1 on Serial0/3 Negotiation Done. We are the SLAVE
2002-1-1 21:21:07 OSPF: Exchange Done with 10.10.12.1 on Serial0/3
2002-1-1 21:21:07 OSPF: Loading Done with 10.10.12.1 on Serial0/3, database Synchronized (FULL)
```

！说明这种网络类型不需要手动指定邻居。

第七步： Nettype—— point-to-multipoint non-broadcast。

将 RB，RC 接口的网络类型改成 point-to-multipoint non-broadcast：

Router-B:

```
Router-B_config_ospf_1#interface s0/3
Router-B_config_s0/3# ip ospf network point-to-multipoint non-broadcast
```

Router-C:

```
Router-C_config_ospf_1#interface s0/3
Router-C_config_s0/3# ip ospf network point-to-multipoint non-broadcast
```

查看 RB 上 OSPF 接口的类型：

Router-B:

```
Router-B_config#show ip ospf interface
Serial0/3 is up, line protocol is up
  Internet Address: 172.16.24.1/24
  Interface index: 3
  Nettype: Point-to-MultiPoint with Non-Broadcast
```

```
                                        ！接口的网络的类型是非广播点到多点。
  OSPF process is 1,    AREA: 0, Router ID: 10.10.11.1
  Cost: 1600, Transmit Delay is 1 sec, Priority 1
  Hello interval is 30, Dead timer is 120, Retransmit is 5
                                        ！注意 Hello 时间的变化。
  OSPF INTF State is IPOINT_TO_MPOINT
  Neighbor Count is 0, Adjacent neighbor count is 0
                                        ！没有发现邻居。
```

手工指定邻居，然后观察邻居表：

Router-B:

```
Router-B_config#router ospf 1
Router-B_config_ospf_1#neighbor 172.16.24.2
```

Router-C:

```
Router-C_config#router ospf 1
Router-C_config_ospf_1#neighbor 172.16.24.1
```

Router-B:

```
Router-B_config#show ip ospf neighbor
------------------------------------------------------------------------------------------
                          OSPF process: 1
                            AREA: 0
Neighbor ID      Pri    State           DeadTime    Neighbor Addr    Interface
10.10.12.1        1     FULL/-             99       172.16.24.2      Serial0/3
------------------------------------------------------------------------------------------
```

Router-C:

```
Router-C_config#show ip ospf neighbor
------------------------------------------------------------------------------------------
                          OSPF process: 1
                            AREA: 0
Neighbor ID      Pri    State           DeadTime    Neighbor Addr    Interface
10.10.11.1        1     FULL/-             112      172.16.24.1      Serial0/3
------------------------------------------------------------------------------------------
                                        ！手工指定后发现邻居但仍然有 DR 与 BDR 的选举。
```

打开 Debug 查看 OSPF 邻居事件：

```
2002-1-1 21:57:57 OSPF: Interface 172.16.24.0 on Serial0/3 going down
2002-1-1 21:57:57 OSPF NBR: 10.10.12.1 address   172.16.24.2 on Serial0/3 is dead, state DOWN
2002-1-1 21:57:57 OSPF: Interface 172.16.24.0 on Serial0/3 going Up
```

```
2002-1-1 23:41:27 OSPF: 2 Way Communication to 10.10.12.1 on Serial0/3, state 2WAY
                        ！在指定邻居后仍然只有2 Way，没有后续的 DR/DBR 选举过程。
2002-1-1 23:41:27 OSPF: NBR 10.10.12.1 on Serial0/3 Adjacency OK, state NEXSTART.
2002-1-1 23:41:27 OSPF: NBR 172.16.24.2 Negotiation Done. We are the SLAVE. seq 85279
2002-1-1 23:41:27 OSPF: NBR 10.10.12.1 on Serial0/3 Negotiation Done. We are the SLAVE
sh 2002-1-1 23:41:27 OSPF: Exchange Done with 10.10.12.1 on Serial0/3
2002-1-1 23:41:27 OSPF: Loading Done with 10.10.12.1 on Serial0/3, database Synchronized (FULL)
                        ！说明这种网络类型需要手动指定邻居。
```

结论： 在 NBMA 网络下 5 种接口网络类型具体情况如下表所示：

接口网络类型	邻居自动发现	有无 DR 选举	Hello 间隔
Non_broadcast	否	有	30s
Broadcast	是	有	10s
Point-to-Point	是	无	10s
Point-to-Multipoint	是	无	30s
Point-to-Multipoint non-broadcast	否	无	30s

注意事项和排错

1）由于版本原因，debug adj 和 debug event 可能与其他型号有较大出入，有兴趣的读者可以尝试在不同型号不同厂商的路由器重复实训，加深观察理解。

2）当链路层协议是帧中继、HDLC、X.25 时，OSPF 默认认为网络类型是 NBMA（不论该网络是否全连通）。

3）没有一种链路层协议会被默认地认为是点到多点类型，通常在 NBMA 类型的网络不是全连通的情况下，将其手工修改为点到多点。

共同思考

1）比较 NBMA 网络与点到多点网络类型之间的区别？

2）尝试用其他版本或厂商路由器重复实训，参考广播环境抓包实训，试着找出不同接口类型下 OSPF 传输数据所使用的方式（组播/单播）。

课后练习

修改默认时间设置，重复实训，观察结果。

实训十二　多区域 OSPF 基本配置

实训目的

1．掌握多区域 OSPF 的配置
2．理解 OSPF 区域的意义

应用环境

区域的概念是 OSPF 优于 RIP 的重要部分，它可以有效地提高路由的效率，缩减部分路由器的 OSPF 路由条目，降低路由收敛的复杂度，在区域边界上，实现路由的汇总、过滤、控制，大大提高了网络的稳定性。

实训设备

1．DCR-2611 三台（Version 1.3.3G (MIDDLE)）
2．CR-V35FC 一根
3．CR-V35MT 一根

实训拓扑

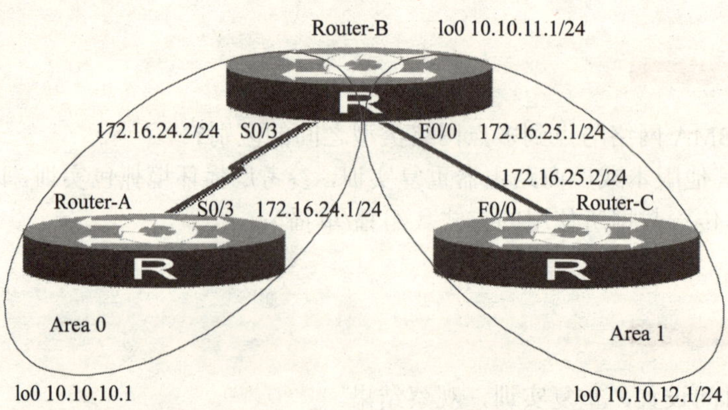

实训要求

Router-A		Router-B		Router-C	
		Serial0/3	172.16.24.2/24	F0/0	172.16.25.2/24
Serial0/3	172.16.24.1/24	F0/0	172.16.25.1/24		
Loopback 0	10.10.10.1/24	Loopback 0	10.10.11.1/24	Loopback 0	10.10.12.1/24

1. 按照拓扑图连接网络
2. 按照要求配置路由器各接口地址

实训步骤

第一步： 按照上表配置路由器名称、接口的 IP 地址，保证所有接口全部是 up 状态，测试连通性。

略

第二步： 将 Router-A、B 相应接口加入 area0。

Router-A:

```
Router-A_config#router ospf 1
Router-A_config_ospf_1#network 172.16.24.0 255.255.255.0 area 0
```

Router-B:

```
Router-B_config#router ospf 1
Router-B_config_ospf_1#network 172.16.24.0 255.255.255.0 area 0
```

第三步： 将 Router-B、C 相应接口加入 area1。

Router-B:

```
Router-B_config#router ospf 1
Router-B_config_ospf_1#network 172.16.25.0 255.255.255.0 area 1
```

Router-C:

```
Router-C_config#router ospf 1
Router-C_config_ospf_1# network 172.16.25.0 255.255.255.0 area 1
```

第四步： 查看 RA、RC 上的 OSPF 路由表。

Router-A:

```
Router-A#show ip route
Codes: C - connected, S - static, R - RIP, B - BGP, BC - BGP connected
       D - DEIGRP, DEX - external DEIGRP, O - OSPF, OIA - OSPF inter area
       ON1 - OSPF NSSA external type 1, ON2 - OSPF NSSA external type 2
       OE1 - OSPF external type 1, OE2 - OSPF external type 2
       DHCP - DHCP type
```

```
VRF ID: 0

C       10.10.10.0/24       is directly connected, Loopback0
C       172.16.24.0/24      is directly connected, Serial0/2
O IA    172.16.25.0/24      [110,1601] via 172.16.24.2(on Serial0/2)
```

！提示学习到的是 OIA 区域间路由，OIA 的路由是通过 LSA3 来传播（后面实训详解）

Router-C:

```
Router-C# show ip route
Codes: C - connected, S - static, R - RIP, B - BGP, BC - BGP connected
       D - DEIGRP, DEX - external DEIGRP, O - OSPF, OIA - OSPF inter area
       ON1 - OSPF NSSA external type 1, ON2 - OSPF NSSA external type 2
       OE1 - OSPF external type 1, OE2 - OSPF external type 2
       DHCP - DHCP type

VRF ID: 0

C       10.10.12.0/24       is directly connected, Loopback0
O IA    172.16.24.0/24      [110,1601] via 172.16.25.1(on FastEthernet0/0)
C       172.16.25.0/24      is directly connected, FastEthernet0/0
```

！提示学习到的是 OIA 区域间路由，OIA 的路由是通过 LSA3 来传播（后面实训详解）

注意事项和排错

1）区域的划分在接口上进行。

2）作为骨干区域的 area 0 必须存在。

3）area 0 只有一个是最好的，当有多个的话就是骨干区域分裂。

4）标准区域一定与骨干区域相连。

共同思考

1）为什么必须有 area 0 存在？

2）在路由器 A 和 C 宣告网段的时候有其他的方法吗？

3）如果存在更多非 0 区域，若非 0 区域路由如果直接相连，能否直接通信？

课后练习

修改网段，重复实训。

实训十三　OSPF 特殊区域的比较

实训目的

1．掌握特殊区域 OSPF 的配置
2．理解 OSPF 特殊区域的意义

应用环境

在 OSPF 多区域的概念中，一个 OSPF 的普通区域，会存在 LSA1，LSA2，LSA3，LSA4，LSA5 这些 LSA，并且数量很多。我们可以通过 OSPF 的特殊区域的配置让某些区域减少 LSA 数目和路由表的条目。在本实训中我们重点从 LSA 类型的角度来比较不同功能区域的区别。

实训设备

1．DCR-2611 三台（Version 1.3.3G (MIDDLE)）
2．CR-V35FC 一根
3．CR-V35MT 一根

实训拓扑

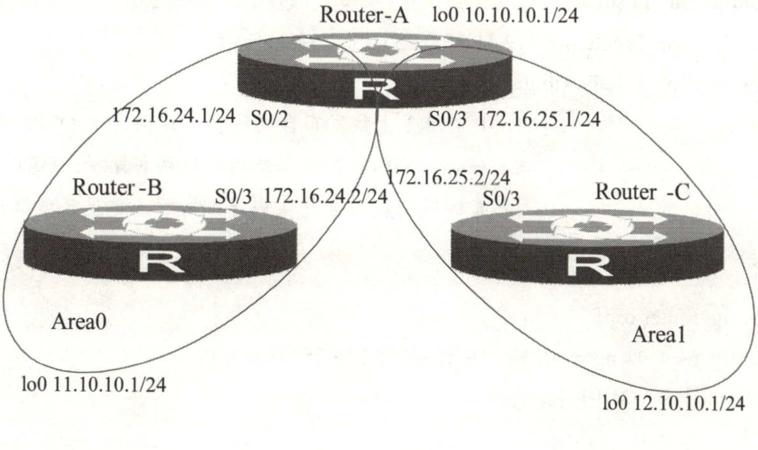

实训要求

Router-A		Router-B		Router-C	
Serial0/2	172.16.24.1/24				
Serial0/3	172.16.25.1/24	Serial0/3	172.16.24.2/24	Serial0/3	172.16.25.2/24
Loopback 0	10.10.10.1/24	Loopback 0	11.10.10.1/24	Loopback 0	12.10.10.1/24

1. 按照拓扑图连接网络
2. 按照要求配置路由器各接口地址

实训步骤

第一步： 按照上表配置路由器名称、接口的 IP 地址，保证所有接口全部是 up 状态，测试连通性。

略

第二步： 将 RA、RB、RC 加入拓扑要求的 OSPF 区域，按类型观察结果：基本配置。

基本配置情况下：

将 Router-A、B 相应接口加入 area0。

Router-A:

```
Router-A_config#router ospf 1
Router-A_config_ospf_1#network 172.16.24.0 255.255.255.0 area 0
```

Router-B:

```
Router-B_config#router ospf 1
Router-B_config_ospf_1#network 172.16.24.0 255.255.255.0 area 0
```

将 Router-B、C 相应接口加入 area1，并在 RB 上再发布直连路由。

Router-B:

```
Router-B_config#router ospf 1
Router-B_config_ospf_1#network 172.16.25.0 255.255.255.0 area 1
Router-B_config_ospf_1#redistribute connect
```

！在 R2 上重发布自己的直连路由进到 OSPF 中，使自己成为一台 ASBR，在外部路由存在两种路径：OE1 和 OE2。（重发布的概念在后面的实训详细讲解，这里只理解实训结果。）

Router-C:

```
Router-C_config#router ospf 1
Router-C_config_ospf_1# network 172.16.25.0 255.255.255.0 area 1
```

查看 RA、RC 上的 OSPF 路由表。

Router-A:

```
Router-A#show ip route
Codes: C - connected, S - static, R - RIP, B - BGP, BC - BGP connected
       D - DEIGRP, DEX - external DEIGRP, O - OSPF, OIA - OSPF inter area
       ON1 - OSPF NSSA external type 1, ON2 - OSPF NSSA external type 2
       OE1 - OSPF external type 1, OE2 - OSPF external type 2
       DHCP - DHCP type

VRF ID: 0

C      10.10.10.0/24      is directly connected, Loopback0
O E2   11.10.10.0/24      [150,100] via 172.16.24.2(on Serial0/2)
C      172.16.24.0/24     is directly connected, Serial0/2
O IA   172.16.25.0/24     [110,1601] via 172.16.24.2(on Serial0/2)
```

！提示学习到的是一条 OIA 区域间路由和一条 OE2 的外部路由，OE2 的路由是通过 LSA5 传播，OIA 的路由是通过 LSA3 来传播。

Router-C:

```
Router-C# show ip route
Codes: C - connected, S - static, R - RIP, B - BGP, BC - BGP connected
       D - DEIGRP, DEX - external DEIGRP, O - OSPF, OIA - OSPF inter area
       ON1 - OSPF NSSA external type 1, ON2 - OSPF NSSA external type 2
       OE1 - OSPF external type 1, OE2 - OSPF external type 2
       DHCP - DHCP type

VRF ID: 0

O IA   10.10.10.1/32      [110,1602] via 172.16.25.1(on FastEthernet0/0)
O E2   11.10.10.0/24      [150,100] via 172.16.25.1(on FastEthernet0/0)
C      12.10.10.0/24      is directly connected, Loopback0
O IA   172.16.24.0/24     [110,1601] via 172.16.25.1(on FastEthernet0/0)
C      172.16.25.0/24     is directly connected, FastEthernet0/0
```

！提示学习到的是两条 OIA 区域间路由和一条 OE2 的外部路由，OE2 的路由是通过 LSA5 传播，OIA 的路由是通过 LSA3 来传播。

查看 RC 的 OSPF 数据库验证。

Router-C:

```
Router-C_config_ospf_1#sh ip ospf database
```

OSPF process: 1

(Router ID: 12.10.10.1)

AREA: 1

Router Link States LSA-1

Link ID	ADV Router	Age	Seq Num	Checksum	Link Count
10.10.10.1	10.10.10.1	92	0x80000004	0xbccb	2
12.10.10.1	12.10.10.1	68	0x80000003	0x89ff	2

Summary Net Link States LSA-3

Link ID	ADV Router	Age	Seq Num	Checksum
11.10.10.1	10.10.10.1	107	0x80000001	0xf2c5
172.16.24.0	10.10.10.1	117	0x80000001	0xda2a

ASE Link States LSA-5

Link ID	ADV Router	Age	Seq Num	Checksum
10.10.10.0	10.10.10.1	95	0x80000003	0xa66a

第三步： Stub Area:

观察拓扑，我们发现在 Area1 中，不管目的是外部的哪个网络，都必须通过 ABR RB 来进行转发，即：区域只有一个 ABR，而且与骨干区域相连。因此 Area1 可以配置成 Stub Area 末梢区域。Stub Area 可以阻止 LSA5，并且处在区域边界的 ABR 将会通过 LSA3 发送一个默认路由给 Stub Area。

将 Area1 配置成为 Stub Area。

Router-B:

```
Router-B_config#router ospf 1
Router-B_config_ospf_1#area 1 stub
```

Router-C:

```
Router-C_config#router ospf 1
Router-C_config_ospf_1#area 1 stub
```

！注意是区域内所有的路由器都要配。

查看在 RC 上查看路由表：

Router-C:

```
Router-C# show ip route
Codes: C - connected, S - static, R - RIP, B - BGP, BC - BGP connected
       D - DEIGRP, DEX - external DEIGRP, O - OSPF, OIA - OSPF inter area
       ON1 - OSPF NSSA external type 1, ON2 - OSPF NSSA external type 2
       OE1 - OSPF external type 1, OE2 - OSPF external type 2
```

```
        DHCP - DHCP type

VRF ID: 0

O IA     0.0.0.0/0          [110,101] via 172.16.25.1(on FastEthernet0/0)
O IA     10.10.10.1/32      [110,1602] via 172.16.25.1(on FastEthernet0/0)
C        12.10.10.0/24      is directly connected, Loopback0
O IA     172.16.24.0/24     [110,1601] via 172.16.25.1(on FastEthernet0/0)
C        172.16.25.0/24     is directly connected, FastEthernet0/0
```

！原来的 OE2 路由没有了，用一条默认路由 O IA 0.0.0.0/0 来取代，而 OIA 的路由是通过 LSA3 来传播。

查看 RC 的 OSPF 数据库验证。

Router-C:

```
Router-C# show ip ospf database
------------------------------------------------------------------------------
                    OSPF process: 1
                    (Router ID: 12.10.10.1)

                     AREA: 1
              Router Link States LSA-1
Link ID       ADV Router     Age       Seq Num       Checksum  Link Count
11.10.10.1    11.10.10.1     2301      0x8000001b    0x0e1b    1
12.10.10.1    12.10.10.1     4         0x8000001d    0xecf9    0
              Summary Net Link States LSA-3
Link ID       ADV Router     Age       Seq Num       Checksum
0.0.0.0       11.10.10.1     959       0x80000001    0x9327
10.10.10.1    11.10.10.1     2207      0x80000018    0xc8d8
172.16.24.0   11.10.10.1     2207      0x8000001a    0x9f4b
------------------------------------------------------------------------------
```

！此时已经没有 LSA5：自治系统外部 LSA 的存在了。

第四步：Totally Stub Area:

进一步观察拓扑，对于本实训的Area1来说，除了通告默认路由的那一条类型3的LSA，其实域间路由 OIA 也不需要，因此我们可以进一步将 Area1 配置成为 Totally Stub Area，从而来阻止 LSA3 和 LSA4 在这个区域的传播。

将 ABR 配置成为 Totally Stub Area

Router-B:

```
Router-B_config#router ospf 1
Router-B_config_ospf_1#area 1 stub no-summary
```

将区域的所有其他路由器配置成为 Stub Area

该区域其他路由器只有 RC，上一步已经配置完成，无需变动。

查看在 RC 上查看路由表：

Router-C:

```
Router-C# show ip route
Codes: C - connected, S - static, R - RIP, B - BGP, BC - BGP connected
       D - DEIGRP, DEX - external DEIGRP, O - OSPF, OIA - OSPF inter area
       ON1 - OSPF NSSA external type 1, ON2 - OSPF NSSA external type 2
       OE1 - OSPF external type 1, OE2 - OSPF external type 2
       DHCP - DHCP type

VRF ID: 0

O IA   0.0.0.0/0        [110,101] via 172.16.25.1(on FastEthernet0/0)
C      12.10.10.0/24    is directly connected, Loopback0
C      172.16.25.0/24   is directly connected, FastEthernet0/0
```

！比较上一步，发现 OIA 路由的其他条目也没有了，只剩一条默认路由 O IA 0.0.0.0/0 来取代。

查看 RC 的 OSPF 数据库验证。

Router-C:

```
Router-C_config_ospf_1#sh ip ospf da
--------------------------------------------------------------------------------
                    OSPF process: 1
                    (Router ID: 12.10.10.1)

                      AREA: 1
                 Router Link States
Link ID      ADV Router    Age    Seq Num       Checksum  Link Count
10.10.10.1   10.10.10.1    103    0x80000009    0xb2d0    2
12.10.10.1   12.10.10.1    101    0x80000008    0x7f05    2
              Summary Net Link States LSA-3
Link ID      ADV Router    Age    Seq Num       Checksum
0.0.0.0      10.10.10.1    111    0x80000003    0x9821
--------------------------------------------------------------------------------
```

！比较上一步，现在只有一条网络汇总的 LSA3。

第五步：Not-So-Stubby Area（NSSA）：

通过上几步的实训，我们发现 OSPF 中 Stub 区域是无法导入外部非 OSPF 路由的，然而这种应用在实际工作中又很难避免，这就大大局限了 OSPF 的应用范围，因此我们又引入了 NSSA 区域来引入区域外部非 OSPF 路由来弥补这个缺陷。

在配置之前，我们删除原来的区域配置并重启路由器，来保证实训结果不受前面区域配置的影响。

回到实训的开始阶段，我们先观察一下 Router-C 的路由表：

Router-C:

```
Router-C# show ip route
Codes: C - connected, S - static, R - RIP, B - BGP, BC - BGP connected
       D - DEIGRP, DEX - external DEIGRP, O - OSPF, OIA - OSPF inter area
       ON1 - OSPF NSSA external type 1, ON2 - OSPF NSSA external type 2
       OE1 - OSPF external type 1, OE2 - OSPF external type 2
       DHCP - DHCP type

VRF ID: 0

O IA    10.10.10.1/32     [110,1602] via 172.16.25.1(on FastEthernet0/0)
O E2    11.10.10.0/24     [150,100] via 172.16.25.1(on FastEthernet0/0)
C       12.10.10.0/24     is directly connected, Loopback0
O IA    172.16.24.0/24    [110,1601] via 172.16.25.1(on FastEthernet0/0)
C       172.16.25.0/24    is directly connected, FastEthernet0/0
```

！提示学习到的是两条 OIA 区域间路由和一条 OE2 的外部路由，OE2 的路由是通过 LSA5 传播，OIA 的路由是通过 LSA3 来传播。

将 Area1 配置成为 NSSA 区域

Router-B:

```
Router-B_config#router ospf 1
Router-B_config_ospf_1#area 1 nssa
```

Router-C:

```
Router-C_config#router ospf 1
Router-C_config_ospf_1#area 1 nssa
```

查看在 RC 上查看路由表：

Router-C:

```
Router-C# show ip route
Codes: C - connected, S - static, R - RIP, B - BGP, BC - BGP connected
       D - DEIGRP, DEX - external DEIGRP, O - OSPF, OIA - OSPF inter area
       ON1 - OSPF NSSA external type 1, ON2 - OSPF NSSA external type 2
       OE1 - OSPF external type 1, OE2 - OSPF external type 2
```

```
        DHCP - DHCP type

VRF ID: 0

O N2      10.10.10.0/24        [150,100] via 172.16.25.1(on Serial0/3)
O IA      11.10.10.1/32        [110,3201] via 172.16.25.1(on Serial0/3)
C         12.10.10.0/24        is directly connected, Loopback0
O IA      172.16.24.0/24       [110,3200] via 172.16.25.1(on Serial0/3)
C         172.16.25.0/24       is directly connected, Serial0/3
```

！多了一条 ON2，它表示 OSPF NSSA 外部路由。注意这时的 RB 即是 ABR 也是 ASBR，它通过 LSA7 向 RC 注入了外部非 OSPF 路由。

查看 RC 的 OSPF 数据库验证。

Router-C:

```
Router-C_config_ospf_1#sh ip ospf da
--------------------------------------------------------------------------------
                         OSPF process: 1
                         (Router ID: 12.10.10.1)

                          AREA: 1
                   Router Link States
Link ID        ADV Router     Age      Seq Num         Checksum  Link Count
10.10.10.1     10.10.10.1     1780     0x80000007      0xb6ce      2
12.10.10.1     12.10.10.1     1766     0x80000007      0x8104      2
                   Summary Net Link States
Link ID        ADV Router     Age      Seq Num         Checksum
11.10.10.1     10.10.10.1     1686     0x80000003      0xeec7
172.16.24.0    10.10.10.1     1686     0x80000003      0xd62c
                   Type 7 AS External Link States
Link ID        ADV Router     Age      Seq Num         Checksum
10.10.10.0     10.10.10.1     11       0x80000001      0x8e82
--------------------------------------------------------------------------------
```

！注意这里是 LSA-7 的传播。

更进一步，我们想直接得到外部的默认路由而不是一条 NSSA 外部路由，NSSA 区域默认情况下，ABR 是不会注入默认路由，因此，我们实际上需要做两步操作：①删除 NSSA 外部路由；②注入默认路由。

Router-B:

```
Router-B_config#router ospf 1
```

```
Router-B_config_ospf_1#area 1 nssa no-redistribution default-information
                                   ! 两部分分别执行：删除 NSSA 外部路由和注入默认路由。
```

查看 RC 的 OSPF 路由表和数据库验证。

Router-C:

```
Router-C# show ip route
Codes: C - connected, S - static, R - RIP, B - BGP, BC - BGP connected
       D - DEIGRP, DEX - external DEIGRP, O - OSPF, OIA - OSPF inter area
       ON1 - OSPF NSSA external type 1, ON2 - OSPF NSSA external type 2
       OE1 - OSPF external type 1, OE2 - OSPF external type 2
       DHCP - DHCP type

VRF ID: 0

O N1    0.0.0.0/0          [150,1700] via 172.16.25.1(on Serial0/3)
O IA    11.10.10.1/32      [110,3201] via 172.16.25.1(on Serial0/3)
C       12.10.10.0/24      is directly connected, Loopback0
O IA    172.16.24.0/24     [110,3200] via 172.16.25.1(on Serial0/3)
C       172.16.25.0/24     is directly connected, Serial0/3

Router-C_config_ospf_1#sh ip ospf da
----------------------------------------------------------------------------------
                        OSPF process: 1
                        (Router ID: 12.10.10.1)

                         AREA: 1
                  Router Link States
Link ID        ADV Router     Age     Seq Num        Checksum  Link Count
10.10.10.1     10.10.10.1     617     0x80000009     0xb2d0    2
12.10.10.1     12.10.10.1     602     0x80000008     0x7f05    2
                  Summary Net Link States
Link ID        ADV Router     Age     Seq Num        Checksum
11.10.10.1     10.10.10.1     523     0x80000004     0xecc8
172.16.24.0    10.10.10.1     523     0x80000004     0xd42d
                  Type 7 AS External Link States
Link ID        ADV Router     Age     Seq Num        Checksum
0.0.0.0        10.10.10.1     523     0x80000003     0x703d
----------------------------------------------------------------------------------
                                   ! 完成了 NSSA 路由的删除和默认路由的注入。
```

结论：OSPF 的特殊区域可以总结成为下表

区域类型	LSA-1	LSA-2	LSA-3	LSA-4	LSA-5	LSA-7
普通区域	★	★	★	★	★	
Stub	★	★	★			
Totally Stub	★	★				
NSSA	★	★	★			★

注意事项和排错

1）处在 Stub Area 内的所有路由器都必须配置成为 Stub Area。

2）作为骨干区域的 area0 必须存在。

3）area 0 只有一个是最好的，当有多个的话就是骨干区域分裂。

共同思考

1）如果实训拓扑不采用 V35 线缆而是双绞线结果会有什么变化？

2）参考其他厂商的设备重复实训，观察与本实训教程的区别。

课后练习

修改网段，重复实训。

实训十四 OSPF 虚连路的配置

实训目的

1．掌握多区域 OSPF 虚连接的配置
2．理解 OSPF 虚连接的意义

应用环境

在大规模网络中，我们通常划分区域减少资源消耗，并将拓扑的变化本地化。由于实际环境的限制，不能物理地将其他区域环绕骨干区域，可以采用虚连接的方式逻辑地连接到骨干区域，使骨干区域自身也必须保持连通。

实训设备

1．DCR-2611 三台（Version 1.3.3G (MIDDLE)）
2．CR-V35FC 一根
3．CR-V35MT 一根

实训拓扑

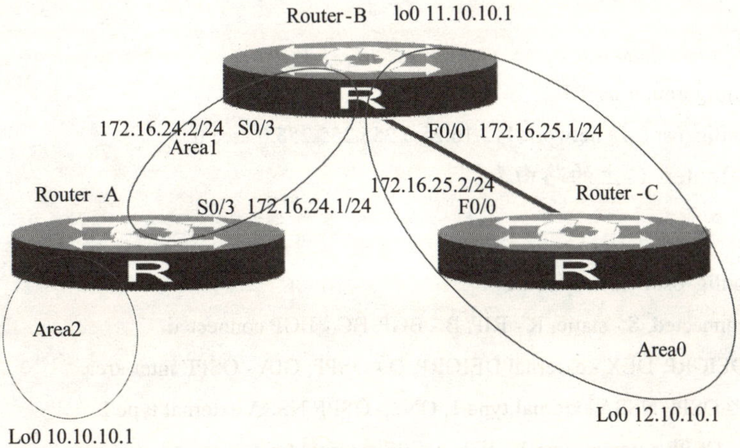

实训要求

Router-A		Router-B		Router-C	
S0/3(DCE)	172.16.24.1/24	S0/3(DTE)	172.16.24.2/24	F0/0	172.16.25.2/24
		F0/0	172.16.25.1/24		
Loopback 0	10.10.10.1/24	Loopback 0	11.10.10.1/24	Loopback 0	12.10.10.1/24

1. 按照拓扑图连接网络
2. 按照要求配置路由器各接口地址

实训步骤

第一步：按照上表配置路由器名称、接口的 IP 地址，保证所有接口全部是 up 状态，测试连通性。

第二步：将 Router-A、B 相应接口按照拓扑加入 area1、area2。

Router-A:

```
Router-A_config#router ospf 1
Router-A_config_ospf_1#network 10.10.10.0 255.255.255.0 area 2
Router-A_config_ospf_1#network 172.16.24.0 255.255.255.0 area 1
```

Router-B:

```
Router-B_config#router ospf 1
Router-B_config_ospf_1#network 172.16.24.0 255.255.255.0 area 1
```

第三步：将 Router-B、C 相应接口按照拓扑加入 area0。

Router-B:

```
Router-B_config#router ospf 1
Router-B_config_ospf_1#network 172.16.25.0 255.255.255.0 area 0
```

Router-C:

```
Router-C_config#router ospf 1
Router-C_config_ospf_1# network 172.16.25.0 255.255.255.0 area 0
```

第四步：查看 Router- C 上的路由表。

Router-C:

```
Router-C_config_ospf_1#sh ip route
Codes: C - connected, S - static, R - RIP, B - BGP, BC - BGP connected
       D - DEIGRP, DEX - external DEIGRP, O - OSPF, OIA - OSPF inter area
       ON1 - OSPF NSSA external type 1, ON2 - OSPF NSSA external type 2
       OE1 - OSPF external type 1, OE2 - OSPF external type 2
```

```
        DHCP - DHCP type

VRF ID: 0

C       12.10.10.0/24       is directly connected, Loopback0
O IA    172.16.24.0/24      [110,1601] via 172.16.25.1(on FastEthernet0/0)
C       172.16.25.0/24      is directly connected, FastEthernet0/0
```

！只有 area1 传递来的 OSPF 路由，发现没有 RA 的 Loopback 接口路由。

第五步：为 Router-A、B 配置虚连接。

Router-A:

```
Router-A_config#router ospf 1
Router-A_config_ospf_1#area 1 virtual-link 11.10.10.1
```

Router-B:

```
Router-B_config#router ospf 1
Router-B_config_ospf_1#area 1 virtual-link 10.10.10.1
```

！注意都是 ROUTER-ID

第六步：在 RB 上查看虚链路状态。

Router-B:

```
Router-B_config_ospf_1#sh ip ospf virtual-link
Virtual Link Neighbor ID 10.10.10.1 (UP)
Run as Demand-Circuit
  TransArea: 1, Cost is 1600
  Hello interval is 10, Dead timer is 40   Retransmit is 5
  INTF Adjacency state is IPOINT_TO_POINT
```

！观察到已经建立起了一条虚链路，虚链路在逻辑上是等同于一条物理的按需链路，即只有在两端路由器的配置有变动的时候才进行更新。

第七步：查看 Router- C 上的路由表和 OSPF 数据库。

Router-C:

```
Router-C_config_ospf_1#sh ip route
Codes: C - connected, S - static, R - RIP, B - BGP, BC - BGP connected
       D - DEIGRP, DEX - external DEIGRP, O - OSPF, OIA - OSPF inter area
       ON1 - OSPF NSSA external type 1, ON2 - OSPF NSSA external type 2
       OE1 - OSPF external type 1, OE2 - OSPF external type 2
       DHCP - DHCP type
```

```
VRF ID: 0

O IA     10.10.10.1/32      [110,1602] via 172.16.25.1(on FastEthernet0/0)
C        12.10.10.0/24      is directly connected, Loopback0
O IA     172.16.24.0/24     [110,1601] via 172.16.25.1(on FastEthernet0/0)
O IA     172.16.24.2/32     [110,3201] via 172.16.25.1(on FastEthernet0/0)
C        172.16.25.0/24     is directly connected, FastEthernet0/0
```

！已经学到了 RA 的 Loopback 接口路由。注意他的 Metric 值为 1602，虚链路的 Metric 等同于所经过的全部链路开销之和，在这个网络中，Metric=1（Loopback）+到达 area1 的开销 1061=1062。

```
Router-C_config_ospf_1#show ip ospf database
--------------------------------------------------------------------------------
                    OSPF process: 1
                    (Router ID: 12.10.10.1)

                    AREA: 0
               Router Link States
Link ID       ADV Router    Age     Seq Num               Checksum  Link Count
10.10.10.1    10.10.10.1    1       (DNA) 0x80000003      0x0bab    1
11.10.10.1    11.10.10.1    435     0x80000005            0xf8fa    2
12.10.10.1    12.10.10.1    935     0x80000004            0x2b15    1
               Net Link States
Link ID       ADV Router    Age     Seq Num               Checksum
172.16.25.2   12.10.10.1    935     0x80000002            0x9070
               Summary Net Link States
Link ID       ADV Router    Age     Seq Num               Checksum
10.10.10.1    10.10.10.1    41      (DNA) 0x80000002      0x45b9
172.16.24.0   11.10.10.1    864     0x80000003            0xcd34
172.16.24.0   10.10.10.1    41      (DNA) 0x80000002      0xd82b
172.16.24.2   10.10.10.1    41      (DNA) 0x80000002      0xc43d
--------------------------------------------------------------------------------
```

！这里的（DNA）就是 DoNotAge，说明使用的是不老化（DoNotAge）LSA，既虚链路是无须 Hello 包控制的。

注意事项和排错

1）虚链路必须配置在 ABR 上，在这个网络中 ABR 是 RA 和 RB。

2）配置时是对端的 ROUTER-ID，不是 IP 地址。

3）虚链路被看成网络设计失败的一种补救手段，它不仅可以让没有和骨干区域直连的非骨干区域在逻辑上建立一条链路，还可以连接两个分离的骨干区域。但是由于虚链路的配置会造成日后维护和排错的困难。所以在进行网络设计的时候，不能将虚链路考虑进去。

4）穿越区域不能是stub。

共同思考

虚连路的作用是什么？

课后练习

画出配置虚连接之后的逻辑拓扑。

实训十五　OSPF 路由汇总配置

实训目的

1．掌握 OSPF 区域间汇总的配置方法
2．掌握 OSPF 自治系统外汇总的配置方法

应用环境

在 OSPF 骨干区域当中，一个区域的所有地址都会被通告进来。但是如果某个子网忽好忽坏不稳定，那么在它每次改变状态的时候，都会引起 LSA 在整个网络中泛洪。为了解决这个问题，我们可以对网络地址进行汇总。

实训设备

1．DCR-2611 两台（Version 1.3.3G (MIDDLE)）
2．CR-V35FC 一根
3．CR-V35MT 一根

实训拓扑

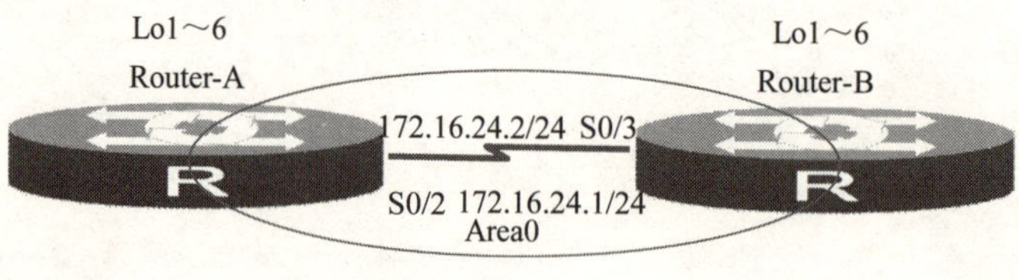

实训要求

Router-A		Router-B	
S0/2	172.16.24.1/24	S0/3	172.16.24.2/24
Loopback	1～6	Loopback	1～6

1．按照拓扑图连接网络
2．按照要求配置路由器各接口地址

实训步骤

第一步：按照上表配置路由器名称、接口的IP地址，保证所有接口全部是up状态，测试连通性。

第二步：为Router-A、B配置loopback接口1-6。

Router-A:

```
Router-A_config#int Loopback 1
Router-A_config_l1#ip add 1.1.0.1 255.255.255.0
Router-A_config_l1#int Loopback 2
Router-A_config_l2#ip add 1.2.0.1 255.255.255.0
Router-A_config_l2#int Loopback 3
Router-A_config_l3#ip add 1.3.0.1 255.255.255.0
Router-A_config_l3#int Loopback 4
Router-A_config_l4#ip add 1.4.0.1 255.255.255.0
Router-A_config_l4#int Loopback 5
Router-A_config_l5#ip add 1.5.0.1 255.255.255.0
Router-A_config_l5#int Loopback 6
Router-A_config_l6#ip add 1.6.0.1 255.255.255.0
```

Router-B:

```
Router-B_config#int Loopback 1
Router-B_config_l1#ip add 2.1.0.1 255.255.255.0
Router-B_config_l1#int Loopback 2
Router-B_config_l2#ip add 2.2.0.1 255.255.255.0
Router-B_config_l2#int Loopback 3
Router-B_config_l3#ip add 2.3.0.1 255.255.255.0
Router-B_config_l3#int Loopback 4
Router-B_config_l4#ip add 2.4.0.1 255.255.255.0
Router-B_config_l4#int Loopback 5
Router-B_config_l5#ip add 2.5.0.1 255.255.255.0
Router-B_config_l5#int Loopback 6
Router-B_config_l6#ip add 2.6.0.1 255.255.255.0
```

第三步：将Router-A、B相应接口按照拓扑加入area0。

Router-A:

```
Router-A_config#router ospf 1
Router-A_config_ospf_1#network 172.16.24.0 255.255.255.0 area 0
```

Router-B:

Router-B_config#router ospf 1

Router-B_config_ospf_1#network 172.16.24.0 255.255.255.0 area 0

区域路由汇总：

第四步：把 Router-B 配置成为 ABR。

Router-B:

Router-B_config_ospf_1#network 2.1.0.0 255.255.0.0 area 1

Router-B_config_ospf_1#network 2.2.0.0 255.255.0.0 area 1

Router-B_config_ospf_1#network 2.3.0.0 255.255.0.0 area 1

Router-B_config_ospf_1#network 2.4.0.0 255.255.0.0 area 1

Router-B_config_ospf_1#network 2.5.0.0 255.255.0.0 area 1

Router-B_config_ospf_1#network 2.6.0.0 255.255.0.0 area 1

第五步：查看 Router-A 上 OSPF 路由表和数据库。

Router-A:

```
Router-A_config#sh ip route
Codes: C - connected, S - static, R - RIP, B - BGP, BC - BGP connected
       D - DEIGRP, DEX - external DEIGRP, O - OSPF, OIA - OSPF inter area
       ON1 - OSPF NSSA external type 1, ON2 - OSPF NSSA external type 2
       OE1 - OSPF external type 1, OE2 - OSPF external type 2
       DHCP - DHCP type

VRF ID: 0

C       1.1.0.0/24        is directly connected, Loopback1
C       1.2.0.0/24        is directly connected, Loopback2
C       1.3.0.0/24        is directly connected, Loopback3
C       1.4.0.0/24        is directly connected, Loopback4
C       1.5.0.0/24        is directly connected, Loopback5
C       1.6.0.0/24        is directly connected, Loopback6
O IA    2.1.0.1/32        [110,1601] via 172.16.24.2(on Serial0/2)
O IA    2.2.0.1/32        [110,1601] via 172.16.24.2(on Serial0/2)
O IA    2.3.0.1/32        [110,1601] via 172.16.24.2(on Serial0/2)
O IA    2.4.0.1/32        [110,1601] via 172.16.24.2(on Serial0/2)
O IA    2.5.0.1/32        [110,1601] via 172.16.24.2(on Serial0/2)
O IA    2.6.0.1/32        [110,1601] via 172.16.24.2(on Serial0/2)
C       10.10.10.0/24     is directly connected, Loopback0
C       172.16.24.0/24    is directly connected, Serial0/2
```

```
Router-A_config#show ip ospf database
------------------------------------------------------------------------
                         OSPF process: 1
                         (Router ID: 10.10.10.1)

                          AREA: 0
                     Router Link States
Link ID        ADV Router     Age       Seq Num       Checksum  Link Count
10.10.10.1     10.10.10.1     255       0x80000003    0x8c03    2
11.10.10.1     11.10.10.1     162       0x80000004    0x7e0d    2
                     Summary Net Link States
Link ID        ADV Router     Age       Seq Num       Checksum
2.3.0.1        11.10.10.1     34        0x80000002    0x67af
2.4.0.1        11.10.10.1     34        0x80000002    0x5bba
2.5.0.1        11.10.10.1     34        0x80000002    0x4fc5
2.1.0.1        11.10.10.1     34        0x80000002    0x7f99
2.6.0.1        11.10.10.1     34        0x80000002    0x43d0
2.2.0.1        11.10.10.1     34        0x80000002    0x73a4
------------------------------------------------------------------------
```

！可以发现不管是路由表还是数据库都很大，为了解决这个问题，我们在 ABR 上将红色部分配置域内路由汇总。

第六步：在 Router-B 上做域内路由汇总。

Router-B:

```
Router-B_config_ospf_1#area 1 range 2.0.0.0 255.248.0.0
```

！通过计算得出汇总的地址是 2.0.0.0/13

```
Router-B_config_ospf_1#exit
Router-B_config#ip route 2.0.0.0 255.248.0.0 null0
```

！在进行区域汇总的时候，为了防止路由黑洞。我们一般会使用将这条汇总地址增加一条静态路由指向空接口（Null）。

第七步：再次查看 Router-A 上的路由表和数据库，比较汇总结果。

Router-A:

```
Router-A_config#sh ip route
Codes: C - connected, S - static, R - RIP, B - BGP, BC - BGP connected
       D - DEIGRP, DEX - external DEIGRP, O - OSPF, OIA - OSPF inter area
       ON1 - OSPF NSSA external type 1, ON2 - OSPF NSSA external type 2
       OE1 - OSPF external type 1, OE2 - OSPF external type 2
       DHCP - DHCP type
```

```
VRF ID: 0

C        1.1.0.0/24       is directly connected, Loopback1
C        1.2.0.0/24       is directly connected, Loopback2
C        1.3.0.0/24       is directly connected, Loopback3
C        1.4.0.0/24       is directly connected, Loopback4
C        1.5.0.0/24       is directly connected, Loopback5
C        1.6.0.0/24       is directly connected, Loopback6
O IA     2.0.0.0/13       [110,1601] via 172.16.24.2(on Serial0/2)
C        10.10.10.0/24    is directly connected, Loopback0
C        172.16.24.0/24   is directly connected, Serial0/2
```

！观察到从原来的六条路由汇总成了一条 13 位的路由。

```
Router-A_config#sh ip ospf database
--------------------------------------------------------------------------------
                    OSPF process: 1
                    (Router ID: 10.10.10.1)

                     AREA: 0
                  Router Link States
Link ID       ADV Router     Age       Seq Num      Checksum Link Count
10.10.10.1    10.10.10.1     936       0x80000003   0x8c03      2
11.10.10.1    11.10.10.1     843       0x80000004   0x7e0d      2
                  Summary Net Link States
Link ID       ADV Router     Age       Seq Num      Checksum
2.0.0.0       11.10.10.1     162       0x80000001   0x7ba7
--------------------------------------------------------------------------------
```

！LSA-3 也只剩下了一条。大大减小了路由表和数据库的大小。

外部路由汇总：

第八步： 将 Router-A 配置成为 ASBR。

Router-A:

```
Router-A_config_ospf_1#redistribute connect
```

第九步： 查看 Router-B 上的路由表和数据库。

Router-B:

```
Router-B_config#sh ip route
Codes: C - connected, S - static, R - RIP, B - BGP, BC - BGP connected
       D - DEIGRP, DEX - external DEIGRP, O - OSPF, OIA - OSPF inter area
```

```
        ON1 - OSPF NSSA external type 1, ON2 - OSPF NSSA external type 2
        OE1 - OSPF external type 1, OE2 - OSPF external type 2
        DHCP - DHCP type

VRF ID: 0

O E2    1.1.0.0/24          [150,100] via 172.16.24.1(on Serial0/3)
O E2    1.2.0.0/24          [150,100] via 172.16.24.1(on Serial0/3)
O E2    1.3.0.0/24          [150,100] via 172.16.24.1(on Serial0/3)
O E2    1.4.0.0/24          [150,100] via 172.16.24.1(on Serial0/3)
O E2    1.5.0.0/24          [150,100] via 172.16.24.1(on Serial0/3)
O E2    1.6.0.0/24          [150,100] via 172.16.24.1(on Serial0/3)
C       2.1.0.0/24          is directly connected, Loopback1
C       2.2.0.0/24          is directly connected, Loopback2
C       2.3.0.0/24          is directly connected, Loopback3
C       2.4.0.0/24          is directly connected, Loopback4
C       2.5.0.0/24          is directly connected, Loopback5
C       2.6.0.0/24          is directly connected, Loopback6
O E2    10.10.10.0/24       [150,100] via 172.16.24.1(on Serial0/3)
C       11.10.10.0/24       is directly connected, Loopback0
C       172.16.24.0/24      is directly connected, Serial0/3

Router-B_config#show ip  ospf database
--------------------------------------------------------------------------------
                          OSPF process: 1
                          (Router ID: 11.10.10.1)

                           AREA: 0
                     Router Link States
Link ID        ADV Router     Age     Seq Num        Checksum Link Count
10.10.10.1     10.10.10.1     43      0x80000005     0x8efc     2
11.10.10.1     11.10.10.1     746     0x80000005     0x7c0e     2
                     Summary Net Link States
Link ID        ADV Router     Age     Seq Num        Checksum
2.0.0.0        11.10.10.1     533     0x80000002     0x79a8

                           AREA: 1
                     Router Link States
Link ID        ADV Router     Age     Seq Num        Checksum Link Count
11.10.10.1     11.10.10.1     746     0x80000007     0xd798     6
```

```
                    Summary Net Link States
Link ID         ADV Router      Age       Seq Num        Checksum
172.16.24.0     11.10.10.1      533       0x80000003     0xcd34
                    Summary Router Link States
Link ID         ADV Router      Age       Seq Num        Checksum
10.10.10.1      11.10.10.1      38        0x80000001     0xded9

                    ASE Link States
Link ID         ADV Router       Age       Seq Num      Checksum
1.4.0.0         10.10.10.1       42        0x80000001 0xd655
10.10.10.0      10.10.10.1       42        0x80000001 0xaa68
1.5.0.0         10.10.10.1       42        0x80000001 0xca60
1.1.0.0         10.10.10.1       47        0x80000001 0xfa34
1.6.0.0         10.10.10.1       42        0x80000001 0xbe6b
1.2.0.0         10.10.10.1       42        0x80000001 0xee3f
1.3.0.0         10.10.10.1       42        0x80000001 0xe24a
-------------------------------------------------------------------------------------------
```

！观察到、学到了 AS 外部，同样路由表和数据库都很大，解决这个问题的方法是在 ASBR 上采用 AS 外部路由汇总。

第十步：在 Router-A 上做外部路由汇总。

Router-A:

```
Router-A_config_ospf_1# summary-address 1.0.0.0 255.248.0.0
```

！通过计算得出汇总的地址是 1.0.0.0/13

第十一步：再次查看 Router-B 上的路由表和数据库，比较汇总结果。

Router-B:

```
Router-B_config#sh ip route
Codes: C - connected, S - static, R - RIP, B - BGP, BC - BGP connected
       D - DEIGRP, DEX - external DEIGRP, O - OSPF, OIA - OSPF inter area
       ON1 - OSPF NSSA external type 1, ON2 - OSPF NSSA external type 2
       OE1 - OSPF external type 1, OE2 - OSPF external type 2
       DHCP - DHCP type

VRF ID: 0

O E2    1.0.0.0/13          [150,100] via 172.16.24.1(on Serial0/3)
C       2.1.0.0/24          is directly connected, Loopback1
C       2.2.0.0/24          is directly connected, Loopback2
C       2.3.0.0/24          is directly connected, Loopback3
```

```
C       2.4.0.0/24      is directly connected, Loopback4
C       2.5.0.0/24      is directly connected, Loopback5
C       2.6.0.0/24      is directly connected, Loopback6
O E2    10.10.10.0/24   [150,100] via 172.16.24.1(on Serial0/3)
C       11.10.10.0/24   is directly connected, Loopback0
C       172.16.24.0/24  is directly connected, Serial0/3

Router-B_config#sh ip ospf database
--------------------------------------------------------------------------------

                    OSPF process: 1
                    (Router ID: 11.10.10.1)

                     AREA: 0
                 Router Link States
Link ID       ADV Router      Age      Seq Num     Checksum Link Count
10.10.10.1    10.10.10.1      516      0x80000006 0x8cfd     2
11.10.10.1    11.10.10.1      506      0x80000006 0x7a0f     2
                 Summary Net Link States
Link ID       ADV Router      Age      Seq Num     Checksum
2.0.0.0       11.10.10.1      293      0x80000003 0x77a9

                     AREA: 1
                 Router Link States
Link ID       ADV Router      Age      Seq Num     Checksum Link Count
11.10.10.1    11.10.10.1      506      0x80000008 0xd599     6
                 Summary Net Link States
Link ID       ADV Router      Age      Seq Num     Checksum
172.16.24.0   11.10.10.1      293      0x80000004 0xcb35
                 Summary Router Link States
Link ID       ADV Router      Age      Seq Num     Checksum
10.10.10.1    11.10.10.1      293      0x80000002 0xdcda

                ASE Link States
Link ID       ADV Router      Age      Seq Num     Checksum
10.10.10.0    10.10.10.1      516      0x80000002 0xa869
1.0.0.0       10.10.10.1      303      0x80000001 0xea4c
--------------------------------------------------------------------------------
```

！原来的六条 24 位掩码的外部路由汇聚成了一条 13 位掩码的外部路由，数据库中 LSA-5，也就是 AS 外部 LSA 也会总成了一条了，比原来大大减小。

注意事项和排错

1）实际环境中，通常做精确的汇总。

2）区域汇总就是区域之间的地址汇总，一般配置在 ABR 上。

3）外部路由汇总就是一组外部路由通过重发布进入 OSPF 中，将这些外部路由进行汇总。一般配置在 ASBR 上。

共同思考

路由汇总的作用是什么？

课后练习

修改网段，重复实训。

实训十六　OSPF 认证配置

实训目的

1．掌握 OSPF 认证的配置
2．理解区域认证的作用

应用环境

与 RIP 相同，OSPF 也有认证机制，为了安全的原因，我们可以在相同 OSPF 区域的路由器上启用身份验证的功能，只有经过身份验证的同一区域的路由器才能互相通告路由信息。这样做不但可以增加网络安全性，对 OSPF 重新配置时，不同口令可以配置在新口令和旧口令的路由器上，防止它们在一个共享的公共广播网络的情况下互相通信。

实训设备

1．DCR-2611 两台（Version 1.3.3G (MIDDLE)）
2．CR-V35FC 一根
3．CR-V35MT 一根

实训拓扑

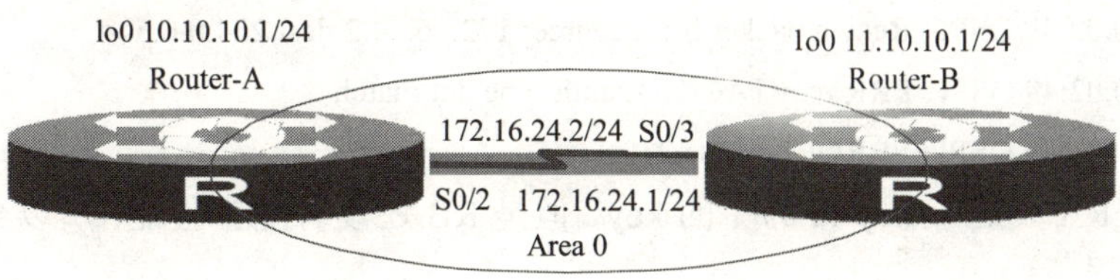

实训要求

Router-A		Router-B	
S0/2	172.16.24.1/24	S0/3	172.16.24.2/24
Loopback0	10.10.10.1/24	Loopback0	11.10.10.1/24

1．按照拓扑图连接网络
2．按照要求配置路由器各接口地址

实训步骤

第一步： 按照上表配置路由器名称、接口的 IP 地址，保证所有接口全部是 up 状态，测试连通性。

第二步： 将 Router-A、B 相应接口按照拓扑加入 area0。

Router-A:

```
Router-A_config#router ospf 1
Router-A_config_ospf_1#network 172.16.24.0 255.255.255.0 area 0
```

Router-B:

```
Router-B_config#router ospf 1
Router-B_config_ospf_1#network 172.16.24.0 255.255.255.0 area 0
```

接口密文认证：

第三步： 为 Router-A 接口配置 MD5 密文验证。

Router-A:

```
Router-A_config# interface S0/2
Router-A_config_s0/2#ip ospf message-digest-key 1 md5 DCNU
                                        ！采用 MD5 加密，密码为 DCNU
                                        ！在 RA 上配置好后，启用 debug ip ospf packet 可以看到：
Router-A_config_s0/2#ip ospf authentication message-digest
2002-1-1 00:02:39 OSPF: Send HELLO to 224.0.0.5 on Serial0/2
2002-1-1 00:02:39          HelloInt 10 Dead 40 Opt 0x2 Pri 1 len 44
2002-1-1 00:02:49 OSPF: Recv IP_SOCKET_RECV_PACKET message
2002-1-1 00:02:49 OSPF: Entering ospf_recv
2002-1-1 00:02:49 OSPF: Recv a packet from source: 172.16.24.2 dest 224.0.0.5
2002-1-1 00:02:49 OSPF: ERR recv PACKET, auth type not match
2002-1-1 00:02:49 OSPF: ERROR! events 21
```

这是因为 RA 发送了 key-id 为 1 的 key，但是 RB 还没有配置验证，所以会出现验证类型不匹配的错误。

第四步： 为 Router-B 接口配置 MD5 密文验证。

Router-B:

```
Router-B_config# interface S0/3
Router-B_config_s0/3#ip ospf message-digest-key 1 md5 DCNU
                                        ！定义 key 和密码
```

Router-B_config_s0/3#ip ospf authentication message-digest

！定义认证类型为 MD5

第五步：查看邻居关系。

Router-A:

Router-A#sh ip ospf neighbor

OSPF process: 1

AREA: 0

Neighbor ID	Pri	State	DeadTime	Neighbor Addr	Interface
11.10.10.1	1	FULL /-	37	172.16.24.2	Serial0/2

！邻居关系已经建立。

区域密文验证：

第六步：删除接口认证的配置，然后进行 OSPF 区域密文验证。

Router-A:

Router-A_config_ospf_1#area 0 authentication message-digest

Router-B:

Router-B_config_ospf_1#area 0 authentication message-digest

第七步：查看邻居关系。

Router-A:

Router-A#sh ip ospf neighbor

OSPF process: 1

AREA: 0

Neighbor ID	Pri	State	DeadTime	Neighbor Addr	Interface
11.10.10.1	1	FULL /-	37	172.16.24.2	Serial0/2

！邻居关系已经建立。

注意事项和排错

1）认证方式除加密方式，还有明文方式。

2）区域验证是在 OSPF 路由进程下启用的，一旦启用，这台路由器中所有属于这个区域的接口都将启用。

3）接口验证是在接口下启用的，也只影响路由器的一个接口。

4）密码都是在接口上配置，认证方式不同则在不同的位置开启。

共同思考

1）认证的作用是什么？

2）在什么地方配置认证？

课后练习

1）参照手册，尝试使用明文接口认证方式配置。

2）参照手册，尝试使用明文区域认证方式配置。

实训十七
直连路由和静态路由的重发布

实训目的

1. 理解路由选择的过程和路由表的维护过程
2. 加深理解直连路由和静态路由与动态路由协议对于维护路由表的作用

应用环境

网络环境多种多样，很多时候需要在各种不同的协议之间将路由进行重新发布，以使相关网络信息可以传递到需要的网络中。

实训设备

1. 三台路由器
2. 两台 PC
3. 若干网线

实训拓扑

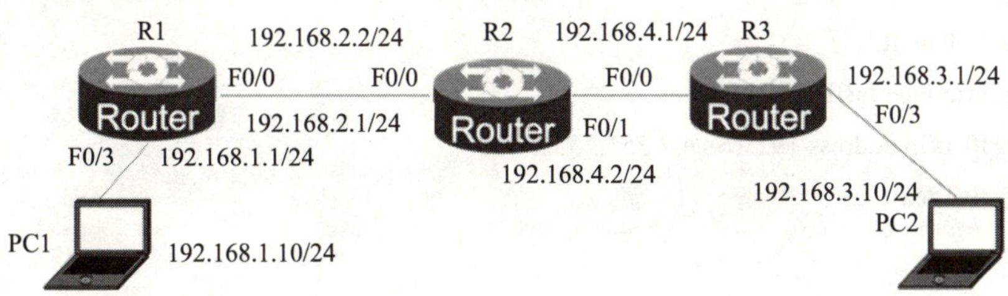

实训要求

1. 配置基础网络环境
2. 配置 R2 使用静态路由到达 192.168.1.0 网络，通过 RIP 协议学习到 192.168.3.0 网

络；R2 中的 network 只增加 192.168.4.0 网络

3．R1 使用默认路由 192.168.2.2 到达其他远程网络

4．R3 使用 RIP 协议与 R2 交互学习网络信息

5．在没有做任何再发布配置时，查看三台路由器的路由表

6．在 R2 中做静态路由的再发布，查看 R3 的路由表如何

7．在 R2 中增加直连路由的再发布，查看 R3 的路由表有何变化

实训步骤

1．配置基础网络环境

	R1	R2	R3
F0/0	192.168.2.1/24	192.168.2.2/24	192.168.4.1/24
F0/1		192.168.4.2/24	
F0/3	192.168.1.1/24		192.168.3.1/24

```
----------------------------R1----------------------------
Router_config#hostname R1
R1_config#interface fastEthernet 0/0
R1_config_f0/0#ip address 192.168.2.1 255.255.255.0
R1_config_f0/0#exit
R1_config#interface fastEthernet 0/3
R1_config_f0/3#ip add 192.168.1.1 255.255.255.0
R1_config_f0/3#exit
R1_config#

----------------------------R2----------------------------
Router_config#hostname R2
R2_config#interface fastEthernet 0/0
R2_config_f0/0#ip address 192.168.2.2 255.255.255.0
R2_config_f0/0#exit
R2_config#interface fastEthernet 0/1
R2_config_f0/1#ip address 192.168.4.2 255.255.255.0
R2_config_f0/1#exit
R2_config#

----------------------------R3----------------------------
Router_config#hostname R3
R3_config#interface fastEthernet 0/0
R3_config_f0/0#ip address 192.168.4.1 255.255.255.0
R3_config_f0/0#exit
R3_config#interface fastEthernet 0/3
```

```
R3_config_f0/3#ip address 192.168.3.1 255.255.255.0
R3_config_f0/3#exit
R3_config#
```

测试链路的连通性：

```
-------------------------R1-------------------------
R1_config#ping 192.168.1.10
PING 192.168.1.10 (192.168.1.10): 56 data bytes
!!!!!
--- 192.168.1.10 ping statistics ---
5 packets transmitted, 5 packets received, 0% packet loss
round-trip min/avg/max = 0/0/0 ms
R1_config#ping 192.168.2.2
PING 192.168.2.2 (192.168.2.2): 56 data bytes
!!!!!
--- 192.168.2.2 ping statistics ---
5 packets transmitted, 5 packets received, 0% packet loss
round-trip min/avg/max = 0/0/0 ms
R1_config#
-------------------------R2-------------------------
R2#ping 192.168.2.1
PING 192.168.2.1 (192.168.2.1): 56 data bytes
!!!!!
--- 192.168.2.1 ping statistics ---
5 packets transmitted, 5 packets received, 0% packet loss
round-trip min/avg/max = 0/0/0 ms
R2#ping 192.168.4.1
PING 192.168.4.1 (192.168.4.1): 56 data bytes
!!!!!
--- 192.168.4.1 ping statistics ---
5 packets transmitted, 5 packets received, 0% packet loss
round-trip min/avg/max = 0/0/0 ms
R2#
-------------------------R3-------------------------
R3_config#ping 192.168.4.2
PING 192.168.4.2 (192.168.4.2): 56 data bytes
!!!!!
--- 192.168.4.2 ping statistics ---
5 packets transmitted, 5 packets received, 0% packet loss
```

```
round-trip min/avg/max = 0/0/0 ms
R3_config#

R3_config#ping 192.168.3.10
PING 192.168.3.10 (192.168.3.10): 56 data bytes
!!!!!
--- 192.168.3.10 ping statistics ---
5 packets transmitted, 5 packets received, 0% packet loss
round-trip min/avg/max = 0/0/0 ms
R3_config#
```

2．使用静态和 RIP 协议混合的路由环境

配置 R1 路由环境，R1 主要使用静态路由，需要添加两个路由段如下：

```
R1_config#ip route 192.168.4.0 255.255.255.0 192.168.2.2
R1_config#ip route 192.168.3.0 255.255.255.0 192.168.2.2
```

也可以添加如下所示的默认路由：

```
R1_config#ip route 0.0.0.0 0.0.0.0 192.168.2.2
R1_config#
```

以上两种方法在本实训中效果是一样的。

配置 R2 路由，在 f0/0 这一侧使用静态路由，而在 f0/1 这一侧使用 RIP 协议，配置方法如下：

```
R2_config#ip route 192.168.1.0 255.255.255.0 192.168.2.1
R2_config#exit
R2_config#router rip
R2_config_rip#network 192.168.4.0 255.255.255.0
R2_config_rip#ver 2
R2_config_rip#exit
R2_config#exit
```

配置 R3 路由器，使用 RIP 协议完成路由环境搭建，配置方法如下：

```
R3_config#router rip
R3_config_rip#network 192.168.4.0 255.255.255.0
R3_config_rip#network 192.168.3.0 255.255.255.0
R3_config_rip#ver 2
R3_config_rip#exit
```

此时查看路由表，结果如下：

```
---------------------------R1---------------------------
R1_config#sh ip route
Codes: C - connected, S - static, R - RIP, B - BGP, BC - BGP connected
       D - DEIGRP, DEX - external DEIGRP, O - OSPF, OIA - OSPF inter area
```

```
        ON1 - OSPF NSSA external type 1, ON2 - OSPF NSSA external type 2
        OE1 - OSPF external type 1, OE2 - OSPF external type 2
        DHCP - DHCP type

VRF ID: 0

S       0.0.0.0/0           [1,0] via 192.168.2.2(on FastEthernet0/0)
C       192.168.1.0/24      is directly connected, FastEthernet0/3
C       192.168.2.0/24      is directly connected, FastEthernet0/0
S       192.168.3.0/24      [1,0] via 192.168.2.2(on FastEthernet0/0)
S       192.168.4.0/24      [1,0] via 192.168.2.2(on FastEthernet0/0)
R1_config#
```

上面的路由表是笔者既添加静态路由又添加默认路由的情况，如果只添加默认路由，则没有后两条静态路由，如果只添加静态路由则没有最上面的默认路由。

```
---------------------------------R2---------------------------------
R2_config#sh ip route
Codes: C - connected, S - static, R - RIP, B - BGP, BC - BGP connected
        D - DEIGRP, DEX - external DEIGRP, O - OSPF, OIA - OSPF inter area
        ON1 - OSPF NSSA external type 1, ON2 - OSPF NSSA external type 2
        OE1 - OSPF external type 1, OE2 - OSPF external type 2
        DHCP - DHCP type

VRF ID: 0

S       192.168.1.0/24      [1,0] via 192.168.2.1(on FastEthernet0/0)
C       192.168.2.0/24      is directly connected, FastEthernet0/0
R       192.168.3.0/24      [120,1] via 192.168.4.1(on FastEthernet0/1)
C       192.168.4.0/24      is directly connected, FastEthernet0/1
R2_config#
---------------------------------R3---------------------------------
R3_config#sh ip route
Codes: C - connected, S - static, R - RIP, B - BGP, BC - BGP connected
        D - DEIGRP, DEX - external DEIGRP, O - OSPF, OIA - OSPF inter area
        ON1 - OSPF NSSA external type 1, ON2 - OSPF NSSA external type 2
        OE1 - OSPF external type 1, OE2 - OSPF external type 2
        DHCP - DHCP type

VRF ID: 0

C       192.168.3.0/24      is directly connected, FastEthernet0/3
```

```
C          192.168.4.0/24          is directly connected, FastEthernet0/0
R3_config#
```

分析结果，我们知道，此时只有 R1 和 R2 的路由表是完整的，因为 R1 使用静态路由，而 R2 与 R3 建立了完整的 RIP 更新环境，对 R3 来说，由于 R2 没有把左侧网络的情况添加到路由进程，因此 R3 什么新消息都无法得到，因此，对此环境，需要进一步配置 R2 路由器的 RIP 协议才能使 R3 的路由表完整。

注意事项和排错

本实训可以使用静态路由的再发布和直连路由的再发布将 R2 左侧的网络发布给 RIP 环境中的 R3 路由器。具体做法如下：

首先，添加一个直连路由的再发布命令给 R2 过程和结果如下：

```
R2_config#router rip
R2_config_rip#redistribute connect
R2_config_rip#exit
```

我们在 R3 路由器中查看路由表，得到如下信息：

```
R3_config#sh ip route
Codes: C - connected, S - static, R - RIP, B - BGP, BC - BGP connected
       D - DEIGRP, DEX - external DEIGRP, O - OSPF, OIA - OSPF inter area
       ON1 - OSPF NSSA external type 1, ON2 - OSPF NSSA external type 2
       OE1 - OSPF external type 1, OE2 - OSPF external type 2
       DHCP - DHCP type

VRF ID: 0

R          192.168.2.0/24          [120,1] via 192.168.4.2(on FastEthernet0/0)
C          192.168.3.0/24          is directly connected, FastEthernet0/3
C          192.168.4.0/24          is directly connected, FastEthernet0/0
R3_config#
```

可以看出，经过直连路由的再发布，R2 将其直连网段 192.168.2.0 发布给了 R3，但却没有将静态路由（S 标示的那些）发布给 R3，因此，如果 R3 需要获得完整的路由，还需要在 R2 中添加静态路由的再发布，操作方法如下：

```
R2_config#router rip
R2_config_rip#redistribute static
R2_config_rip#exit
```

此时再次从 R3 中查看结果，如下：

```
R3_config#sh ip route
Codes: C - connected, S - static, R - RIP, B - BGP, BC - BGP connected
       D - DEIGRP, DEX - external DEIGRP, O - OSPF, OIA - OSPF inter area
       ON1 - OSPF NSSA external type 1, ON2 - OSPF NSSA external type 2
       OE1 - OSPF external type 1, OE2 - OSPF external type 2
       DHCP - DHCP type

VRF ID: 0

R     192.168.1.0/24     [120,1] via 192.168.4.2(on FastEthernet0/0)
R     192.168.2.0/24     [120,1] via 192.168.4.2(on FastEthernet0/0)
C     192.168.3.0/24     is directly connected, FastEthernet0/3
C     192.168.4.0/24     is directly connected, FastEthernet0/0
R3_config#
```

至此，我们通过对静态路由区域和直连路由的再发布，将 RIP 环境完整的搭建起来了。

配置文档

--------------------R1--------------------	--------------------R2--------------------
R1#sh ru Building configuration... Current configuration: ! !version 1.3.3G service timestamps log date service timestamps debug date no service password-encryption ! hostname R1 ! gbsc group default ! interface FastEthernet0/0 ip address 192.168.2.1 255.255.255.0 no ip directed-broadcast ! interface FastEthernet0/3 ip address 192.168.1.1 255.255.255.0 no ip directed-broadcast !	R2#sh ru Building configuration... Current configuration: ! !version 1.3.3G service timestamps log date service timestamps debug date no service password-encryption ! hostname R2 ! gbsc group default interface FastEthernet0/0 ip address 192.168.2.2 255.255.255.0 no ip directed-broadcast ! interface FastEthernet0/1 ip address 192.168.4.2 255.255.255.0 no ip directed-broadcast !

（续）

<table>
<tr>
<td>

```
interface Serial0/1
 no ip address
 no ip directed-broadcast
!
interface Serial0/2
 no ip address
 no ip directed-broadcast
!
interface Async0/0
 no ip address
 no ip directed-broadcast
!
ip route default 192.168.2.2
ip route 192.168.3.0 255.255.255.0 192.168.2.2
ip route 192.168.4.0 255.255.255.0 192.168.2.2
```

</td>
<td>

```
interface Serial0/2
 no ip address
 no ip directed-broadcast
!
interface Serial0/3
 no ip address
 no ip directed-broadcast
!
interface Async0/0
 no ip address
 no ip directed-broadcast
!
router rip
 version 2
 network 192.168.4.0 255.255.255.0
 redistribute static
 redistribute connect

ip route 192.168.1.0 255.255.255.0 192.168.2.1
```

</td>
</tr>
<tr>
<td colspan="2">

```
-------------------------------R3-------------------------------
R3# sh ru
Building configuration...

Current configuration:
!
!version 1.3.3G
service timestamps log date
service timestamps debug date
no service password-encryption
!
hostname R3

gbsc group default

interface FastEthernet0/0
 ip address 192.168.4.1 255.255.255.0
 no ip directed-broadcast
!
interface FastEthernet0/3
 ip address 192.168.3.1 255.255.255.0
 no ip directed-broadcast
!
```

</td>
</tr>
</table>

（续）

```
interface Serial0/1
 no ip address
 no ip directed-broadcast
!
interface Serial0/2
 no ip address
 no ip directed-broadcast
!
interface Async0/0
 no ip address
 no ip directed-broadcast

router rip
 version 2
 network 192.168.4.0 255.255.255.0
 network 192.168.3.0 255.255.255.0
```

共同思考

如果在 R2 中存在一条默认路由，R3 也可以将默认静态路由也学习到自己的路由表中，为什么？如果 R2 的默认路由刚好指向 R3，会有什么问题出现？如果 R2 的默认路由指向 R1，R3 学习到的默认路由会指向 R2 还是 R1?

课后练习

将 RIP 版本改为 1，并且将地址改为 10 的网段掩码 24 位，重做实训。

实训十八　RIP 和 OSPF 的重发布

实训目的

1. 理解 RIP 和 OSPF 路由协议的更新方法差异
2. 进一步理解重分布时需要考虑的相关问题

应用环境

RIP 和 OSPF 协议是目前使用较频繁的路由协议，两种协议交接的场合也很多见，他们之间的重分布是比较常见的配置。

实训设备

1. 三台路由器
2. 两台 PC
3. 若干网线

实训拓扑

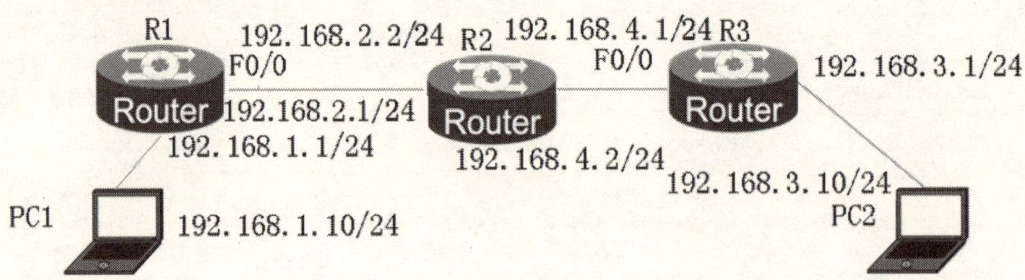

实训要求

1. 配置基础环境
2. 配置 R1 和 R2 之间使用 RIP 协议学习路由信息，R2 和 R3 之间使用 OSPF 协议
3. R1 配置 RIP 协议，使用两条 NETWORK 包括所有的两个直连网络

4．R2 配置 RIP 使用一条 network 命令包括 192.168.2.0 网络
5．R2 配置 OSPF 使用一条 network 命令包括 192.168.4.0 网络
6．R3 配置 OSPF 协议两条 network 命令包括所有直连网络
7．在 R2 中配置 RIP 到 OSPF 的重分布，再配置 ospf 到 RIP 的重分发
8．查看路由表

实训步骤

1．配置基础网络环境

此处略，步骤参考《实训十七　直连路由和静态路由的重发布》。

2．配置路由环境

---------------------------R1---------------------------

R1 配置纯 RIP 环境，都是用 network 命令指定相邻网段进入 RIP 进程。过程如下：

```
R1#config
R1_config#router rip
R1_config_rip#network 192.168.1.0 255.255.255.0
R1_config_rip#network 192.168.2.0 255.255.255.0
R1_config_rip#version 2
R1_config_rip#exit
R1_config#exit
R1#wr
```

---------------------------R2---------------------------

R2 环境相对复杂一些，配置 f0/0 端口网段使用 RIP 协议，配置 F0/1 端口网段使用 OSPF 协议，过程如下：

```
R2_config#router rip
R2_config_rip#version 2
R2_config_rip#network 192.168.2.0 255.255.255.0
R2_config_rip#exit
R2_config#router ospf 1
R2_config_ospf_1#network 192.168.4.0 255.255.255.0 area 0
R2_config_ospf_1#exit
R2_config#
```

---------------------------R3---------------------------

```
R3#config
R3_config#router ospf 1
R3_config_ospf_1#network 192.168.4.0 255.255.255.0 area 0
R3_config_ospf_1#network 192.168.3.0 255.255.255.0 area 0
R3_config_ospf_1#exit
R3_config#
```

查看路由表如下：

```
-----------------------------------R1-----------------------------------
R1_config#sh ip route
Codes: C - connected, S - static, R - RIP, B - BGP, BC - BGP connected
       D - DEIGRP, DEX - external DEIGRP, O - OSPF, OIA - OSPF inter area
       ON1 - OSPF NSSA external type 1, ON2 - OSPF NSSA external type 2
       OE1 - OSPF external type 1, OE2 - OSPF external type 2
       DHCP - DHCP type

VRF ID: 0

C       192.168.1.0/24        is directly connected, FastEthernet0/3
C       192.168.2.0/24        is directly connected, FastEthernet0/0
R1_config#
-----------------------------------R2-----------------------------------
R2_config#sh ip route
Codes: C - connected, S - static, R - RIP, B - BGP, BC - BGP connected
       D - DEIGRP, DEX - external DEIGRP, O - OSPF, OIA - OSPF inter area
       ON1 - OSPF NSSA external type 1, ON2 - OSPF NSSA external type 2
       OE1 - OSPF external type 1, OE2 - OSPF external type 2
       DHCP - DHCP type

VRF ID: 0

R       192.168.1.0/24        [120,1] via 192.168.2.1(on FastEthernet0/0)
C       192.168.2.0/24        is directly connected, FastEthernet0/0
O       192.168.3.0/24        [110,2] via 192.168.4.1(on FastEthernet0/1)
C       192.168.4.0/24        is directly connected, FastEthernet0/1
R2_config#
-----------------------------------R3-----------------------------------
R3_config#sh ip route
Codes: C - connected, S - static, R - RIP, B - BGP, BC - BGP connected
       D - DEIGRP, DEX - external DEIGRP, O - OSPF, OIA - OSPF inter area
       ON1 - OSPF NSSA external type 1, ON2 - OSPF NSSA external type 2
       OE1 - OSPF external type 1, OE2 - OSPF external type 2
       DHCP - DHCP type

VRF ID: 0

C       192.168.3.0/24        is directly connected, FastEthernet0/3
C       192.168.4.0/24        is directly connected, FastEthernet0/0
```

```
R3_config#
```

从上面的路由表，我们发现，只有 R2 的路由表是完整的，R1 和 R3 都因为 R2 没有将对方的信息进行传递而得不到远端网络的消息，所以问题的关键还是在 R2。

注意事项和排错

在 R2 中启用动态路由的再发布过程，首先我们仅将 RIP 协议再发布进 ospf 协议，过程如下：

```
R2_config#router ospf 1
R2_config_ospf_1#redistribute rip
R2_config_ospf_1#exit
R2_config#
```

此时查看 R3 的路由表，情况如下：

```
R3#sh ip route
Codes: C - connected, S - static, R - RIP, B - BGP, BC - BGP connected
       D - DEIGRP, DEX - external DEIGRP, O - OSPF, OIA - OSPF inter area
       ON1 - OSPF NSSA external type 1, ON2 - OSPF NSSA external type 2
       OE1 - OSPF external type 1, OE2 - OSPF external type 2
       DHCP - DHCP type

VRF ID: 0

O E2    192.168.1.0/24      [150,100] via 192.168.4.2(on FastEthernet0/0)
C       192.168.3.0/24      is directly connected, FastEthernet0/3
C       192.168.4.0/24      is directly connected, FastEthernet0/0
R3#
```

从上面的 R3 路由表，我们看到，它学习到了一条 OSPF 自治系统外部路由（因为是从 RIP 协议注入的）其默认的初始度量值是 100。但同时我们也观察到，这个路由表依然是不完整的，对于 R2 的直连网络 192.168.2.0，还是没有学习到，如果想通过 R2 学习到直连的网络段，还需要在 R2 中将直连路由在 OSPF 进程中再发布一下，过程如下：

```
R2_config#router ospf 1
R2_config_ospf_1#redistribute connect
```

此时再次查看 R3 的路由表，如下：

```
R3#sh ip route
Codes: C - connected, S - static, R - RIP, B - BGP, BC - BGP connected
       D - DEIGRP, DEX - external DEIGRP, O - OSPF, OIA - OSPF inter area
       ON1 - OSPF NSSA external type 1, ON2 - OSPF NSSA external type 2
       OE1 - OSPF external type 1, OE2 - OSPF external type 2
```

```
        DHCP - DHCP type

VRF ID: 0

O E2    192.168.1.0/24        [150,100] via 192.168.4.2(on FastEthernet0/0)
O E2    192.168.2.0/24        [150,100] via 192.168.4.2(on FastEthernet0/0)
C       192.168.3.0/24        is directly connected, FastEthernet0/3
C       192.168.4.0/24        is directly connected, FastEthernet0/0
```

R3 已经完整了，再来看看 R1 有没有变化？答案是依然没有变化，它的路由表完整性是依赖 R2 通过 RIP 协议传递的，而 RIP 协议传递的消息并没有包含其他远端网络，因此，还需要在 R2 中作 RIP 进程中的再发布，根据前面的步骤，我们知道，和 OSPF 进程一样，rip 协议进程同样需要将 OSPF 和直连网络重分布进来，过程如下：

```
R2_config#router rip
R2_config_rip#redistribute ospf 1
R2_config_rip#redistribute connect
R2_config_rip#exit
```

此时再查看 R1 的路由表，如下所示：

```
R1_config#sh ip route
Codes: C - connected, S - static, R - RIP, B - BGP, BC - BGP connected
        D - DEIGRP, DEX - external DEIGRP, O - OSPF, OIA - OSPF inter area
        ON1 - OSPF NSSA external type 1, ON2 - OSPF NSSA external type 2
        OE1 - OSPF external type 1, OE2 - OSPF external type 2
        DHCP - DHCP type

VRF ID: 0

C       192.168.1.0/24        is directly connected, FastEthernet0/3
C       192.168.2.0/24        is directly connected, FastEthernet0/0
R       192.168.3.0/24        [120,1] via 192.168.2.2(on FastEthernet0/0)
R       192.168.4.0/24        [120,1] via 192.168.2.2(on FastEthernet0/0)
R1_config#
```

此时，从终端测试连通性，可以连通，实训完成。

配置文档

--------------------R1--------------------	--------------------R2--------------------
R1#sh ru Building configuration...	R2_config#sh ru Building configuration...

（续）

Current configuration: ! !version 1.3.3G service timestamps log date service timestamps debug date no service password-encryption ! hostname R1 ! gbsc group default ! interface FastEthernet0/0 ip address 192.168.2.1 255.255.255.0 no ip directed-broadcast ! interface FastEthernet0/3 ip address 192.168.1.1 255.255.255.0 no ip directed-broadcast ! interface Serial0/1 no ip address no ip directed-broadcast ! interface Serial0/2 no ip address no ip directed-broadcast ! interface Async0/0 no ip address no ip directed-broadcast ! router rip version 2 network 192.168.1.0 255.255.255.0 network 192.168.2.0 255.255.255.0	Current configuration: ! !version 1.3.3G service timestamps log date service timestamps debug date no service password-encryption ! hostname R2 ! gbsc group default ! interface FastEthernet0/0 ip address 192.168.2.2 255.255.255.0 no ip directed-broadcast ! interface FastEthernet0/1 ip address 192.168.4.2 255.255.255.0 no ip directed-broadcast ! interface Serial0/2 no ip address no ip directed-broadcast ! interface Serial0/3 no ip address no ip directed-broadcast ! interface Async0/0 no ip address no ip directed-broadcast ! router rip version 2 network 192.168.2.0 255.255.255.0 redistribute connect redistribute ospf 1 ! router ospf 1 network 192.168.4.0 255.255.255.0 area 0 redistribute connect redistribute rip !

（续）

```
----------------------R3-----------------------
R3#sh ru
Building configuration...

Current configuration:
!
!version 1.3.3G
service timestamps log date
service timestamps debug date
no service password-encryption
!
hostname R3
!
gbsc group default
!
interface FastEthernet0/0
  ip address 192.168.4.1 255.255.255.0
  no ip directed-broadcast
!
interface FastEthernet0/3
  ip address 192.168.3.1 255.255.255.0
  no ip directed-broadcast
!
interface Serial0/1
  no ip address
  no ip directed-broadcast
!
interface Serial0/2
  no ip address
  no ip directed-broadcast
!
interface Async0/0
  no ip address
  no ip directed-broadcast
!
router ospf 1
  network 192.168.4.0 255.255.255.0 area 0
  network 192.168.3.0 255.255.255.0 area 0
!
```

共同思考

OSPF 中对自治系统外部路由的标示有两类，一类是 OE1/OE2，一类是 ON1/ON2，这两类的区别在哪里，1 与 2 的区别又在哪里？

课后练习

将 IP 地址改为其他网段，重做实训。

实训十九　多点重分布路由过滤

实训目的

1．理解路由过滤的作用

2．学会使用过滤列表

应用环境

如果不使用路由过滤，在有路由协议再发布的环境中容易引起重分布的环路，进而引发不正确的路由信息的传递，路由过滤的设置就可以减少这种情况的发生

实训设备

1．四台路由器

2．若干网线

实训拓扑

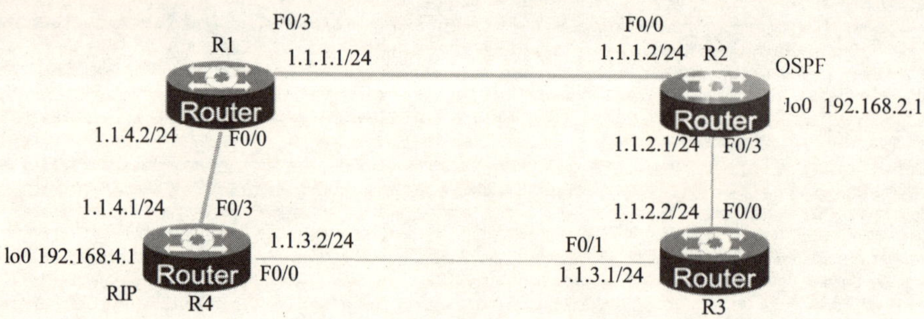

实训要求

1．配置基础网络

2．配置 R1 和 R3 做 RIP 和 OSPF 的协议边界，其中 R1 和 R3 负责 OSPF 和 RIP 协议的互相注入。R2 和 R4 分别只配置 RIP 和 OSPF 协议，在 R2 和 R4 路由器中分别创建两个终端网络

3．查看路由表，发现问题

4．使用路由过滤解决问题

实训步骤

1．配置基础网络，过程如下

本实训所有的终端网络都使用 loopback 接口表示，配置 192.168.x.0 网络，x=路由器标号，过程如下：

	R1	R2	R3	R4
F0/0	1.1.4.2/24	1.1.1.2/24	1.1.2.2/24	1.1.3.2/24
F0/1			1.1.3.1/24	
F0/3	1.1.1.1/24	1.1.2.1/24		1.1.4.1/24
Loopback		192.168.2.1/24		192.168.4.1/24

```
---------------------R1---------------------
Router_config#hostname R1
R1_config#interface fastEthernet 0/3
R1_config_f0/3#ip address 1.1.1.1 255.255.255.0
R1_config_f0/3#exit
R1_config#interface fastEthernet 0/0
R1_config_f0/0#ip address 1.1.4.2 255.255.255.0
R1_config_f0/0#exit
R1_config#exit
R1#
---------------------R2---------------------
Router_config#hostname R2
R2_config#interface fastEthernet 0/0
R2_config_f0/0#ip address 1.1.1.2 255.255.255.0
R2_config_f0/0#exit
R2_config#interface fastEthernet 0/3
R2_config_f0/3#ip address 1.1.2.1 255.255.255.0
R2_config_f0/3#exit
R2_config#interface loopback 0
R2_config_l0#ip add 192.168.2.1 255.255.255.0
R2_config_l0#exit
R2_config#
---------------------R3---------------------
Router_config#hostname R3
```

```
R3_config#interface FastEthernet 0/0
R3_config_f0/0#ip address 1.1.2.2 255.255.255.0
R3_config_f0/0#exit
R3_config# interface FastEthernet 0/1
R3_config_f0/1#ip address 1.1.3.1 255.255.255.0
R3_config_f0/1#exit
R3_config#ping 1.1.2.1
PING 1.1.2.1 (1.1.2.1): 56 data bytes
!!!!!
--- 1.1.2.1 ping statistics ---
5 packets transmitted, 5 packets received, 0% packet loss
round-trip min/avg/max = 0/0/0 ms
R3_config#
```

--------------------R4--------------------

```
Router_config#hostname R4
R4_config#interface fastEthernet 0/0
R4_config_f0/0#ip address 1.1.3.2 255.255.255.0
R4_config_f0/0#exit
R4_config#interface fastEthernet 0/3
R4_config_f0/3#ip address 1.1.4.1 255.255.255.0
R4_config_f0/3#exit
R4_config#interface loopback 0
R4_config_l0#ip add 192.168.4.1 255.255.255.0
R4_config_l0#exit

R4_config#ping 1.1.4.2
PING 1.1.4.2 (1.1.4.2): 56 data bytes
!!!!!
--- 1.1.4.2 ping statistics ---
5 packets transmitted, 5 packets received, 0% packet loss
round-trip min/avg/max = 0/0/0 ms
R4_config#
```

在操作过程中陆续测试链路的连通性，表示当前所有单个链路已经全部连通。

2. 配置路由环境

--------------------R1--------------------

R1 配置 RIP 和 OSPF 混合环境，将各自相邻的网络发布进各自的进程即可，过程如下：

```
R1_config#router rip
R1_config_rip#network 1.1.4.0 255.255.255.0
```

```
R1_config_rip#version 2
R1_config_rip#exit
R1_config#router ospf 1
R1_config_ospf_1#network 1.1.1.0 255.255.255.0 area 0
R1_config_ospf_1#exit
-------------------R2-------------------
R2_config#router ospf 1
R2_config_ospf_1#network 1.1.1.0 255.255.255.0 area 0
R2_config_ospf_1#network 1.1.2.0 255.255.255.0 area 0
R2_config_ospf_1#exit
R2_config#exit
-------------------R3-------------------
R3_config#router ospf 1
R3_config_ospf_1#network 1.1.2.0 255.255.255.0 area 0
R3_config_ospf_1#exit
R3_config#router rip
R3_config_rip#network 1.1.3.0 255.255.255.0
R3_config_rip#version 2
R3_config_rip#exit
R3_config#
-------------------R4-------------------
R4_config#router rip
R4_config_rip#network 1.1.3.0 255.255.255.0
R4_config_rip#network 1.1.4.0 255.255.255.0
R4_config_rip#version 2
R4_config_rip#exit
```

查看各自的路由表：

```
-------------------R1-------------------
R1#sh ip route
Codes: C - connected, S - static, R - RIP, B - BGP, BC - BGP connected
       D - DEIGRP, DEX - external DEIGRP, O - OSPF, OIA - OSPF inter area
       ON1 - OSPF NSSA external type 1, ON2 - OSPF NSSA external type 2
       OE1 - OSPF external type 1, OE2 - OSPF external type 2
       DHCP - DHCP type

VRF ID: 0

C       1.1.1.0/24        is directly connected, FastEthernet0/3
O       1.1.2.0/24        [110,2] via 1.1.1.2(on FastEthernet0/3)
```

```
R        1.1.3.0/24          [120,1] via 1.1.4.1(on FastEthernet0/0)
C        1.1.4.0/24          is directly connected, FastEthernet0/0
R        192.168.4.0/24      [120,1] via 1.1.4.1(on FastEthernet0/0)
R1#
----------------------------R2----------------------------
R2#sh ip route
Codes: C - connected, S - static, R - RIP, B - BGP, BC - BGP connected
       D - DEIGRP, DEX - external DEIGRP, O - OSPF, OIA - OSPF inter area
       ON1 - OSPF NSSA external type 1, ON2 - OSPF NSSA external type 2
       OE1 - OSPF external type 1, OE2 - OSPF external type 2
       DHCP - DHCP type

VRF ID: 0

C        1.1.1.0/24          is directly connected, FastEthernet0/0
C        1.1.2.0/24          is directly connected, FastEthernet0/3
C        192.168.2.0/24      is directly connected, Loopback0
R2#
----------------------------R3----------------------------
R3#sh ip route
Codes: C - connected, S - static, R - RIP, B - BGP, BC - BGP connected
       D - DEIGRP, DEX - external DEIGRP, O - OSPF, OIA - OSPF inter area
       ON1 - OSPF NSSA external type 1, ON2 - OSPF NSSA external type 2
       OE1 - OSPF external type 1, OE2 - OSPF external type 2
       DHCP - DHCP type

VRF ID: 0

O        1.1.1.0/24          [110,2] via 1.1.2.1(on FastEthernet0/0)
C        1.1.2.0/24          is directly connected, FastEthernet0/0
C        1.1.3.0/24          is directly connected, FastEthernet0/1
R        1.1.4.0/24          [120,1] via 1.1.3.2(on FastEthernet0/1)
R3#
----------------------------R4----------------------------
R4#sh ip route
Codes: C - connected, S - static, R - RIP, B - BGP, BC - BGP connected
       D - DEIGRP, DEX - external DEIGRP, O - OSPF, OIA - OSPF inter area
       ON1 - OSPF NSSA external type 1, ON2 - OSPF NSSA external type 2
       OE1 - OSPF external type 1, OE2 - OSPF external type 2
       DHCP - DHCP type
```

```
VRF ID: 0

C       1.1.3.0/24          is directly connected, FastEthernet0/0
C       1.1.4.0/24          is directly connected, FastEthernet0/3
C       192.168.4.0/24      is directly connected, Loopback0
R4#
```

3. 配置重发布

先来配置 R1 的重分布，配置过程如下：

```
R1_config#router rip
R1_config_rip#redistribute connect
R1_config_rip#redistribute ospf 1
R1_config_rip#exit
R1_config#router ospf 1
R1_config_ospf_1#redistribute connect
R1_config_ospf_1#redistribute rip
R1_config_ospf_1#exit
R1_config#
```

稳定以后，查看路由表状态如下：

```
R1_config#sh ip route
Codes: C - connected, S - static, R - RIP, B - BGP, BC - BGP connected
       D - DEIGRP, DEX - external DEIGRP, O - OSPF, OIA - OSPF inter area
       ON1 - OSPF NSSA external type 1, ON2 - OSPF NSSA external type 2
       OE1 - OSPF external type 1, OE2 - OSPF external type 2
       DHCP - DHCP type

VRF ID: 0

C       1.1.1.0/24          is directly connected, FastEthernet0/3
O       1.1.2.0/24          [110,2] via 1.1.1.2(on FastEthernet0/3)
R       1.1.3.0/24          [120,1] via 1.1.4.1(on FastEthernet0/0)
C       1.1.4.0/24          is directly connected, FastEthernet0/0
O E2    192.168.2.0/24      [150,100] via 1.1.1.2(on FastEthernet0/3)
R       192.168.4.0/24      [120,1] via 1.1.4.1(on FastEthernet0/0)
R1_config#
```

分析路由表，对 192.168.2.0 是通过 OSPF 学习到 OE2 类型的，这是因为它是通过 OSPF 的直连路由重分发进入 OSPF 协议的，因此，被 OSPF 协议认为是自治系统外部路由。

再来看 R2、R3 和 R4 的路由表情况如何？

```
R3#sh ip route
Codes: C - connected, S - static, R - RIP, B - BGP, BC - BGP connected
       D - DEIGRP, DEX - external DEIGRP, O - OSPF, OIA - OSPF inter area
       ON1 - OSPF NSSA external type 1, ON2 - OSPF NSSA external type 2
       OE1 - OSPF external type 1, OE2 - OSPF external type 2
       DHCP - DHCP type

VRF ID: 0

O      1.1.1.0/24          [110,2] via 1.1.2.1(on FastEthernet0/0)
C      1.1.2.0/24          is directly connected, FastEthernet0/0
C      1.1.3.0/24          is directly connected, FastEthernet0/1
R      1.1.4.0/24          [120,1] via 1.1.3.2(on FastEthernet0/1)
R      192.168.2.0/24      [120,2] via 1.1.3.2(on FastEthernet0/1)
R      192.168.4.0/24      [120,1] via 1.1.3.2(on FastEthernet0/1)
R3#
```

这里注意，在 R3 中的 192.168.2.0 的路由是通过 RIP 协议从 R4 走的，这不太正常，分析原因是：由于 R3 和 R2 之间通过 OSPF 学习路由，这样从 R2 学习的 192.168.2.0 路由其管理距离值是 150，而从 RIP 协议通过 R1 的重分布学到的路由，管理距离值却是 120，因此 R3 会毫不犹豫的选择 RIP 协议学习到的路由。

解决这个问题的最好办法是设置一个路由过滤，将从 FastEthernet0/1 端口学习到的 192.168.2.0 网络的路由过滤掉，就可以解决这个问题了，下面我们尝试一下。

```
R3#config
R3_config#ip access-list standard ?
  WORD          -- Standard Access-list name
R3_config#ip access-list standard for_rip
R3_config_std_nacl#deny 192.168.2.0 255.255.255.0
R3_config_std_nacl#permit any
R3_config_std_nacl#exit
R3_config#router rip
R3_config_rip#
R3_config_rip#filter ?
  FastEthernet          -- FastEthernet interface
  Serial                -- Serial interface
  Async                 -- Asynchronous interface
  *                     -- All interface
```

```
R3_config_rip#filter fastEthernet 0/1 ?
  in              -- Filter incoming routing updates
  out             -- Filter outgoing routing updates
R3_config_rip#filter fastEthernet 0/1 in ?
  access-list           -- Filter routes by access-list
  gateway               -- Filter gateway by access-list
  prefix-list           -- Filter routes by prefix-list
R3_config_rip#filter fastEthernet 0/1 in access-list for_rip ?
  gateway                       -- Filter gateway by access-list
  <cr>
R3_config_rip#filter fastEthernet 0/1 in access-list for_rip
R3_config_rip#exit
R3_config#exit
```

此时我们把 F0/1 端口 shut，然后再 no shut，等路由稳定后，就得出了如下的路由表了：

```
R3#sh ip route
Codes: C - connected, S - static, R - RIP, B - BGP, BC - BGP connected
       D - DEIGRP, DEX - external DEIGRP, O - OSPF, OIA - OSPF inter area
       ON1 - OSPF NSSA external type 1, ON2 - OSPF NSSA external type 2
       OE1 - OSPF external type 1, OE2 - OSPF external type 2
       DHCP - DHCP type

VRF ID: 0

O       1.1.1.0/24          [110,2] via 1.1.2.1(on FastEthernet0/0)
C       1.1.2.0/24          is directly connected, FastEthernet0/0
C       1.1.3.0/24          is directly connected, FastEthernet0/1
R       1.1.4.0/24          [120,1] via 1.1.3.2(on FastEthernet0/1)
O E2    192.168.2.0/24      [150,100] via 1.1.2.1(on FastEthernet0/0)
R       192.168.4.0/24      [120,1] via 1.1.3.2(on FastEthernet0/1)
R3#
```

注意到，192.168.2.0 已经通过优化了。

查看 R2 和 R4 的路由表，结果如下：

```
R2#
R2#sh ip route
Codes: C - connected, S - static, R - RIP, B - BGP, BC - BGP connected
       D - DEIGRP, DEX - external DEIGRP, O - OSPF, OIA - OSPF inter area
       ON1 - OSPF NSSA external type 1, ON2 - OSPF NSSA external type 2
       OE1 - OSPF external type 1, OE2 - OSPF external type 2
       DHCP - DHCP type
```

```
VRF ID: 0

C      1.1.1.0/24        is directly connected, FastEthernet0/0
C      1.1.2.0/24        is directly connected, FastEthernet0/3
O E2   1.1.3.0/24        [150,100] via 1.1.1.1(on FastEthernet0/0)
O E2   1.1.4.0/24        [150,100] via 1.1.1.1(on FastEthernet0/0)
C      192.168.2.0/24    is directly connected, Loopback0
O E2   192.168.4.0/24    [150,100] via 1.1.1.1(on FastEthernet0/0)
R2#

R4#sh ip route
Codes: C - connected, S - static, R - RIP, B - BGP, BC - BGP connected
       D - DEIGRP, DEX - external DEIGRP, O - OSPF, OIA - OSPF inter area
       ON1 - OSPF NSSA external type 1, ON2 - OSPF NSSA external type 2
       OE1 - OSPF external type 1, OE2 - OSPF external type 2
       DHCP - DHCP type

VRF ID: 0

R      1.1.1.0/24        [120,1] via 1.1.4.2(on FastEthernet0/3)
R      1.1.2.0/24        [120,1] via 1.1.4.2(on FastEthernet0/3)
C      1.1.3.0/24        is directly connected, FastEthernet0/0
C      1.1.4.0/24        is directly connected, FastEthernet0/3
R      192.168.2.0/24    [120,1] via 1.1.4.2(on FastEthernet0/3)
C      192.168.4.0/24    is directly connected, Loopback0
R4#
```

对于上述两个路由器表中的黑体部分的路由，显然不是最优路径，分析原因：因为只在 R1 中作路由重分布，因此对于黑体部分的网络路由，只通过 R1 学习到，下一跳就只能是 R1 了，虽然实际上有更好的路由选择，但对 R2 和 R4 来说，也只能这么走，因为 R3 没有开口。我们可以在 R3 中增加重分布，解决这个问题。

```
R3_config#router rip
R3_config_rip#redistribute connect
R3_config_rip#redistribute ospf 1
R3_config_rip#exit
R3_config#router ospf 1
R3_config_ospf_1#redistribute connect
R3_config_ospf_1#redistribute rip
R3_config_ospf_1#exit
R3_config#exit
```

路由稳定后，再次查看 R2 和 R4 的路由表，如下：

```
R2#sh ip route
Codes: C - connected, S - static, R - RIP, B - BGP, BC - BGP connected
       D - DEIGRP, DEX - external DEIGRP, O - OSPF, OIA - OSPF inter area
       ON1 - OSPF NSSA external type 1, ON2 - OSPF NSSA external type 2
       OE1 - OSPF external type 1, OE2 - OSPF external type 2
       DHCP - DHCP type

VRF ID: 0

C       1.1.1.0/24       is directly connected, FastEthernet0/0
C       1.1.2.0/24       is directly connected, FastEthernet0/3
O E2    1.1.3.0/24       [150,100] via 1.1.2.2(on FastEthernet0/3)
                         [150,100] via 1.1.1.1(on FastEthernet0/0)
O E2    1.1.4.0/24       [150,100] via 1.1.2.2(on FastEthernet0/3)
                         [150,100] via 1.1.1.1(on FastEthernet0/0)
C       192.168.2.0/24   is directly connected, Loopback0
O E2    192.168.4.0/24   [150,100] via 1.1.2.2(on FastEthernet0/3)
                         [150,100] via 1.1.1.1(on FastEthernet0/0)
R2#

R4#sh ip route
Codes: C - connected, S - static, R - RIP, B - BGP, BC - BGP connected
       D - DEIGRP, DEX - external DEIGRP, O - OSPF, OIA - OSPF inter area
       ON1 - OSPF NSSA external type 1, ON2 - OSPF NSSA external type 2
       OE1 - OSPF external type 1, OE2 - OSPF external type 2
       DHCP - DHCP type

VRF ID: 0

R       1.1.1.0/24       [120,1] via 1.1.3.1(on FastEthernet0/0)
                         [120,1] via 1.1.4.2(on FastEthernet0/3)
R       1.1.2.0/24       [120,1] via 1.1.3.1(on FastEthernet0/0)
                         [120,1] via 1.1.4.2(on FastEthernet0/3)
C       1.1.3.0/24       is directly connected, FastEthernet0/0
C       1.1.4.0/24       is directly connected, FastEthernet0/3
R       192.168.2.0/24   [120,1] via 1.1.3.1(on FastEthernet0/0)
                         [120,1] via 1.1.4.2(on FastEthernet0/3)
C       192.168.4.0/24   is directly connected, Loopback0
R4#
```

上述路由表说明了，从R1和R3重分发进的路由都具有相同的管理距离和度量值，因此他们将学到的路由并列写到路由表做负载均衡，但实际情况如何呢？

仔细分析上面两台路由表的黑体部分，发现其实它们认为均衡的这两条路其实并不均衡，如果能够对学习的路由做适当过滤就好了，接下来我们对R2和R4的路由做如下过滤。

对于R2，应该过滤从F0/0接口到来的关于1.1.3.0网络路由，还应该过滤从F0/1口到来的关于1.1.4.0网络路由。具体过程如下：

```
R2_config#ip access-list standard for_f0/0
R2_config_std_nacl#deny    1.1.3.0 255.255.255.0
R2_config_std_nacl#permit any
R2_config_std_nacl#exit
R2_config#ip access-list standard for_f0/3
R2_config_std_nacl#deny 1.1.4.0 255.255.255.0
R2_config_std_nacl#permit any
R2_config_std_nacl#exit
R2_config#router ospf 1
R2_config_ospf_1#filter f0/0 in access-list for_f0/0
R2_config_ospf_1#filter f0/3 in access-list for_f0/3
R2_config_ospf_1#exit
```

此时再次查看路由表，得到如下结果：

```
R2_config#exit
R2#sh ip route
Codes: C - connected, S - static, R - RIP, B - BGP, BC - BGP connected
       D - DEIGRP, DEX - external DEIGRP, O - OSPF, OIA - OSPF inter area
       ON1 - OSPF NSSA external type 1, ON2 - OSPF NSSA external type 2
       OE1 - OSPF external type 1, OE2 - OSPF external type 2
       DHCP - DHCP type

VRF ID: 0

C       1.1.1.0/24        is directly connected, FastEthernet0/0
C       1.1.2.0/24        is directly connected, FastEthernet0/3
O E2    1.1.3.0/24        [150,100] via 1.1.2.2(on FastEthernet0/3)
O E2    1.1.4.0/24        [150,100] via 1.1.1.1(on FastEthernet0/0)
C       192.168.2.0/24    is directly connected, Loopback0
O E2    192.168.4.0/24    [150,100] via 1.1.2.2(on FastEthernet0/3)
                          [150,100] via 1.1.1.1(on FastEthernet0/0)
R2#
```

与我们对网络的分析一致了。

对R4的路由过滤依此进行，过程如下：

```
R4_config#ip access-list standard for_f0/0
R4_config_std_nacl#deny 1.1.2.0 255.255.255.0
R4_config_std_nacl#permit any
R4_config_std_nacl#exit
R4_config#ip access-list standard for_f0/3
R4_config_std_nacl#deny 1.1.1.0 255.255.255.0
R4_config_std_nacl#permit any
R4_config_std_nacl#exit
R4_config#router rip
R4_config_rip#filter f0/0 in access-list for_f0/0
R4_config_rip#filter f0/3 in access-list for_f0/3
R4_config_rip#exit
```

此时我们再次查看 R4 的路由表，就已经正常了，如下：

```
R4#sh ip route
Codes: C - connected, S - static, R - RIP, B - BGP, BC - BGP connected
       D - DEIGRP, DEX - external DEIGRP, O - OSPF, OIA - OSPF inter area
       ON1 - OSPF NSSA external type 1, ON2 - OSPF NSSA external type 2
       OE1 - OSPF external type 1, OE2 - OSPF external type 2
       DHCP - DHCP type

VRF ID: 0

R       1.1.1.0/24          [120,1] via 1.1.3.1(on FastEthernet0/0)
R       1.1.2.0/24          [120,1] via 1.1.4.2(on FastEthernet0/3)
C       1.1.3.0/24          is directly connected, FastEthernet0/0
C       1.1.4.0/24          is directly connected, FastEthernet0/3
R       192.168.2.0/24      [120,1] via 1.1.3.1(on FastEthernet0/0)
                            [120,1] via 1.1.4.2(on FastEthernet0/3)
C       192.168.4.0/24      is directly connected, Loopback0
R4#
```

接下来，我们查看 R1 的路由表，如下：

```
R1#sh ip route
Codes: C - connected, S - static, R - RIP, B - BGP, BC - BGP connected
       D - DEIGRP, DEX - external DEIGRP, O - OSPF, OIA - OSPF inter area
       ON1 - OSPF NSSA external type 1, ON2 - OSPF NSSA external type 2
       OE1 - OSPF external type 1, OE2 - OSPF external type 2
       DHCP - DHCP type

VRF ID: 0
```

```
C       1.1.1.0/24        is directly connected, FastEthernet0/3
O       1.1.2.0/24        [110,2] via 1.1.1.2(on FastEthernet0/3)
R       1.1.3.0/24        [120,1] via 1.1.4.1(on FastEthernet0/0)
C       1.1.4.0/24        is directly connected, FastEthernet0/0
O E2    192.168.2.0/24    [150,100] via 1.1.1.2(on FastEthernet0/3)
R       192.168.4.0/24    [120,1] via 1.1.4.1(on FastEthernet0/0)
R1#
```

一切正常，本实训结束。

注意事项和排错

1）注意，本实训使用了路由过滤的方式解决次优路由的选择问题，但这样也带来一些影响，比如负载均衡不再有效。

2）在做访问列表时，由于使用了拒绝的命令，因此不要忽略增加的 pemit any 语句，否则实训肯定失败。

3）另外，访问列表名字是大小写区分的，如果引用的名字和定义的名字大小写不同，也会造成实训失败。

配置文档

<table>
<tr>
<td>

```
-------------------R1--------------------
R1#sh ru
Building configuration...

Current configuration:
!
!version 1.3.3G
service timestamps log date
service timestamps debug date
no service password-encryption
!
hostname R1
!

gbsc group default
!
interface FastEthernet0/0
```

</td>
<td>

```
-------------------R2--------------------
R2#sh ru
Building configuration...

Current configuration:
!
!version 1.3.3G
service timestamps log date
service timestamps debug date
no service password-encryption
!
hostname R2
!
gbsc group default
!
interface Loopback0
 ip address 192.168.2.1 255.255.255.0
```

</td>
</tr>
</table>

（续）

ip address 1.1.4.2 255.255.255.0 no ip directed-broadcast ! interface FastEthernet0/3 ip address 1.1.1.1 255.255.255.0 no ip directed-broadcast ! interface Serial0/1 no ip address no ip directed-broadcast ! interface Serial0/2 no ip address no ip directed-broadcast ! interface Async0/0 no ip address no ip directed-broadcast ! router rip version 2 network 1.1.4.0 255.255.255.0 redistribute ospf 1 redistribute connect ! router ospf 1 network 1.1.1.0 255.255.255.0 area 0 redistribute rip redistribute connect !	no ip directed-broadcast ! interface FastEthernet0/0 ip address 1.1.1.2 255.255.255.0 no ip directed-broadcast ! interface FastEthernet0/3 ip address 1.1.2.1 255.255.255.0 no ip directed-broadcast ! interface Serial0/1 no ip address no ip directed-broadcast ! interface Serial0/2 no ip address no ip directed-broadcast ! interface Async0/0 no ip address no ip directed-broadcast ! router ospf 1 network 1.1.1.0 255.255.255.0 area 0 network 1.1.2.0 255.255.255.0 area 0 filter FastEthernet0/3 in access-list for_f0/1 filter FastEthernet0/0 in access-list for_f0/0 redistribute connect ! ip access-list standard FOR_F0/0 deny 1.1.3.0 255.255.255.0 permit any ! ip access-list standard for_f0/0 deny 1.1.3.0 255.255.255.0 permit any ! ip access-list standard for_f0/1 deny 1.1.4.0 255.255.255.0 permit any !

（续）

<table>
<tr>
<td>

```
-------------------R3-------------------
R3#sh ru
Building configuration...

Current configuration:
!
!version 1.3.3G
service timestamps log date
service timestamps debug date
no service password-encryption
!
hostname R3
!
gbsc group default
!

interface FastEthernet0/0
 ip address 1.1.2.2 255.255.255.0
 no ip directed-broadcast
!
interface FastEthernet0/1
 ip address 1.1.3.1 255.255.255.0
 no ip directed-broadcast
!
interface Serial0/2
 no ip address
 no ip directed-broadcast
!
interface Serial0/3
 no ip address
 no ip directed-broadcast
!
interface Async0/0
 no ip address
 no ip directed-broadcast
!
router rip
 version 2
 filter FastEthernet0/1 in access-list for_rip
 network 1.1.3.0 255.255.255.0
 redistribute ospf 1
 redistribute connect
```

</td>
<td>

```
-------------------R4-------------------
R4#sh ru
Building configuration...

Current configuration:
!
!version 1.3.3G
service timestamps log date
service timestamps debug date
no service password-encryption
!
hostname R4
!
gbsc group default

interface Loopback0
 ip address 192.168.4.1 255.255.255.0
 no ip directed-broadcast
!
interface FastEthernet0/0
 ip address 1.1.3.2 255.255.255.0
 no ip directed-broadcast
!
interface FastEthernet0/3
 ip address 1.1.4.1 255.255.255.0
 no ip directed-broadcast
!
interface Serial0/1
 no ip address
 no ip directed-broadcast
!
interface Serial0/2
 no ip address
 no ip directed-broadcast
!
interface Async0/0
 no ip address
 no ip directed-broadcast
!
router rip
 version 2
 filter FastEthernet0/3 in access-list for_f0/3
```

</td>
</tr>
</table>

（续）

!	filter FastEthernet0/0 in access-list for_f0/0
router ospf 1	network 1.1.3.0 255.255.255.0
network 1.1.2.0 255.255.255.0 area 0	network 1.1.4.0 255.255.255.0
redistribute rip	redistribute connect
redistribute connect	
!	ip access-list standard for_f0/0
ip access-list standard for_rip	deny 1.1.2.0 255.255.255.0
deny 192.168.2.0 255.255.255.0	permit any
permit any	!
!	ip access-list standard for_f0/3
	deny 1.1.1.0 255.255.255.0
	permit any

共同思考

思考怎样使用管理距离值的调整解决次优路由的问题。

课后练习

配置路由重分布时，首先配置 R1 路由器，完成后续步骤。查看是否与本实训的实现过程一致。

实训二十　基于源地址的策略路由

实训目的

1．理解策略路由的功能

2．掌握基于源地址的策略路由的配置方法

应用环境

从局域网去往广域网的流量有时需要进行分流，既区别了不同用户又进行了负载分担，有时这种目标是通过对不同的源地址进行区别对待完成的。

实训设备

1．三台路由器

2．两台 PC

3．若干网线

实训拓扑

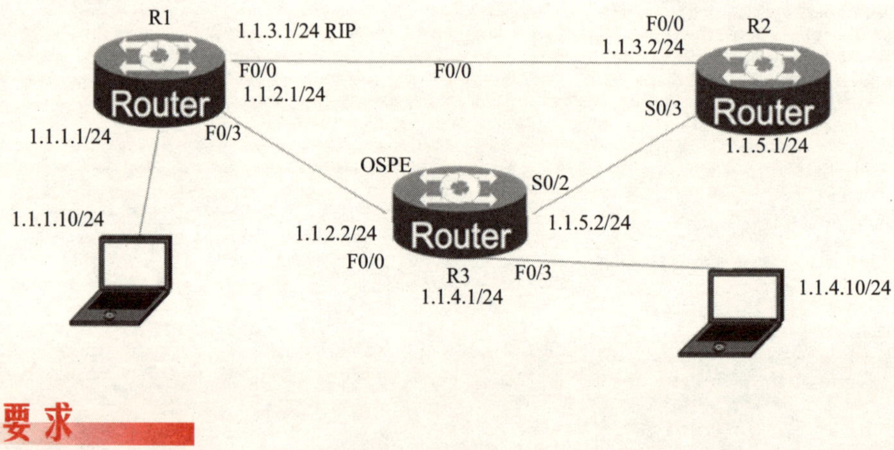

实训要求

1．配置基础网络环境

2．全网使用 OSPF 单区域完成路由的连通

3．在 R3 中使用策略路由，使来自 1.1.4.10 的源地址去往外网的路由从 1.1.2.1 走，而来自 1.1.4.20 的源地址的数据从 1.1.5.2 的路径走

4．跟踪从 1.1.4.10 去往 1.1.1.10 的数据路由

5．将 1.1.4.10 地址改为 1.1.4.20，再次跟踪路由

实训步骤

1．配置基础网络环境

	R1	R2	R3
F0/0	1.1.3.1/24	1.1.3.2/24	1.1.2.2/24
F0/3	1.1.2.1/24		1.1.4.1/24
Loopback	1.1.1.1/24		
Serial0/2			1.1.5.2/24
Serial0/3		1.1.5.1/24	

```
------------------------------------R1------------------------------------
Router_config#hostname R1
R1_config#interface fastEthernet 0/0
R1_config_f0/0#ip address 1.1.3.1 255.255.255.0
R1_config_f0/0#exit
R1_config#interface fastEthernet 0/3
R1_config_f0/3#ip address 1.1.2.1 255.255.255.0
R1_config_f0/3#exit
R1_config#interface loopback 0
R1_config_l0#ip address 1.1.1.1 255.255.255.0
R1_config_l0#exit
R1_config#
------------------------------------R2------------------------------------
Router_config#hostname R2
R2_config#interface fastEthernet 0/0
R2_config_f0/0#ip address 1.1.3.2 255.255.255.0
R2_config_f0/0#exit
R2_config#interface serial 0/3
R2_config_s0/3#physical-layer speed 64000
R2_config_s0/3#ip address 1.1.5.1 255.255.255.0
R2_config_s0/3#exit
R2_config#
------------------------------------R3------------------------------------
Router_config#hostname R3
```

```
R3_config#interface fastEthernet 0/0
R3_config_f0/0#ip address 1.1.2.2 255.255.255.0
R3_config_f0/0#exit
R3_config#interface fastEthernet 0/3
R3_config_f0/3#ip address 1.1.4.1 255.255.255.0
R3_config_f0/3#exit
R3_config#interface serial 0/2
R3_config_s0/2#ip address 1.1.5.2 255.255.255.0
R3_config#
```

测试链路连通性：

```
-----------------------------------R2-----------------------------------
R2#ping 1.1.3.1
PING 1.1.3.1 (1.1.3.1): 56 data bytes
!!!!!
--- 1.1.3.1 ping statistics ---
5 packets transmitted, 5 packets received, 0% packet loss
round-trip min/avg/max = 0/0/0 ms
R2#ping 1.1.5.2
PING 1.1.5.2 (1.1.5.2): 56 data bytes
!!!!!
--- 1.1.5.2 ping statistics ---
5 packets transmitted, 5 packets received, 0% packet loss
round-trip min/avg/max = 0/0/0 ms
R2#
-----------------------------------R3-----------------------------------
R3#ping 1.1.2.1
PING 1.1.2.1 (1.1.2.1): 56 data bytes
!!!!!
--- 1.1.2.1 ping statistics ---
5 packets transmitted, 5 packets received, 0% packet loss
round-trip min/avg/max = 0/0/0 ms
R3#
```

表示单条链路都可以连通。

2．配置路由环境，使用 OSPF 单区域配置

```
-----------------------------------R1-----------------------------------
R1_config#router ospf 1
R1_config_ospf_1#network 1.1.3.0 255.255.255.0 area 0
R1_config_ospf_1#network 1.1.2.0 255.255.255.0 area 0
```

```
R1_config_ospf_1#redistribute connect
R1_config_ospf_1#exit
R1_config#
----------------------------------R2----------------------------------
R2_config#router ospf 1
R2_config_ospf_1#network 1.1.3.0 255.255.255.0 area 0
R2_config_ospf_1#network 1.1.5.0 255.255.255.0 area 0
R2_config_ospf_1#redistribute connect
R2_config_ospf_1#exit
R2_config#
----------------------------------R3----------------------------------
R3_config#router ospf 1
R3_config_ospf_1#network 1.1.2.0 255.255.255.0 area 0
R3_config_ospf_1#network 1.1.5.0 255.255.255.0 area 0
R3_config_ospf_1#exit
R3_config#router ospf 1
R3_config_ospf_1#redistribute connect
R3_config_ospf_1#exit
R3_config#
```

查看路由表如下：

```
----------------------------------R1----------------------------------
R1#sh ip route
Codes: C - connected, S - static, R - RIP, B - BGP, BC - BGP connected
       D - DEIGRP, DEX - external DEIGRP, O - OSPF, OIA - OSPF inter area
       ON1 - OSPF NSSA external type 1, ON2 - OSPF NSSA external type 2
       OE1 - OSPF external type 1, OE2 - OSPF external type 2
       DHCP - DHCP type

VRF ID: 0

C       1.1.1.0/24        is directly connected, Loopback0
C       1.1.2.0/24        is directly connected, FastEthernet0/3
C       1.1.3.0/24        is directly connected, FastEthernet0/0
O E2    1.1.4.0/24        [150,100] via 1.1.2.2(on FastEthernet0/3)
O       1.1.5.0/24        [110,1601] via 1.1.2.2(on FastEthernet0/3)
R1#
----------------------------------R2----------------------------------
R2#sh ip route
Codes: C - connected, S - static, R - RIP, B - BGP, BC - BGP connected
```

```
        D - DEIGRP, DEX - external DEIGRP, O - OSPF, OIA - OSPF inter area
        ON1 - OSPF NSSA external type 1, ON2 - OSPF NSSA external type 2
        OE1 - OSPF external type 1, OE2 - OSPF external type 2
        DHCP - DHCP type

VRF ID: 0

O E2    1.1.1.0/24          [150,100] via 1.1.3.1(on FastEthernet0/0)
O       1.1.2.0/24          [110,2] via 1.1.3.1(on FastEthernet0/0)
C       1.1.3.0/24          is directly connected, FastEthernet0/0
O E2    1.1.4.0/24          [150,100] via 1.1.3.1(on FastEthernet0/0)
C       1.1.5.0/24          is directly connected, Serial0/3
R2#
-----------------------------------R3-----------------------------------
R3#sh ip route
Codes: C - connected, S - static, R - RIP, B - BGP, BC - BGP connected
        D - DEIGRP, DEX - external DEIGRP, O - OSPF, OIA - OSPF inter area
        ON1 - OSPF NSSA external type 1, ON2 - OSPF NSSA external type 2
        OE1 - OSPF external type 1, OE2 - OSPF external type 2
        DHCP - DHCP type

VRF ID: 0

O E2    1.1.1.0/24          [150,100] via 1.1.2.1(on FastEthernet0/0)
C       1.1.2.0/24          is directly connected, FastEthernet0/0
O       1.1.3.0/24          [110,2] via 1.1.2.1(on FastEthernet0/0)
C       1.1.4.0/24          is directly connected, FastEthernet0/3
C       1.1.5.0/24          is directly connected, Serial0/2
R3#
```

3．在 R3 中使用策略路由

使来自 1.1.4.10 的源地址去往外网的路由从 1.1.2.1 走，而来自 1.1.4.20 的源地址的数据从 1.1.5.1 的路径走，过程如下：

```
R3_config#ip access-list standard for_10
R3_config_std_nacl#permit 1.1.4.10
R3_config_std_nacl#exit
R3_config#ip access-list standard for_20
R3_config_std_nacl#permit 1.1.4.20
R3_config_std_nacl#exit
R3_config#route-map source_pbr 10 permit
R3_config_route_map#match ip address for_10
```

```
R3_config_route_map#set ip next-hop 1.1.2.1
R3_config_route_map#exit
R3_config#route-map source_pbr 20 permit
R3_config_route_map#match ip address for_20
R3_config_route_map#set ip next-hop 1.1.5.1
R3_config_route_map#exit
R3_config#interface fastEthernet 0/3
R3_config_f0/3#ip policy route-map source_pbr
R3_config_f0/3#
```

此时我们已经更改了 R3 的路由策略，从终端测试结果如下：

```
-----------------------------------1.1.4.10-----------------------------------
C:\Documents and Settings\Administrator>ipconfig

Windows IP Configuration
Ethernet adapter 本地连接:

        Connection-specific DNS Suffix  . :
        IP Address. . . . . . . . . . . . : 1.1.4.10
        Subnet Mask . . . . . . . . . . . : 255.255.255.0
        Default Gateway . . . . . . . . . : 1.1.4.1

C:\Documents and Settings\Administrator>tracert 1.1.1.1

Tracing route to 1.1.1.1 over a maximum of 30 hops

  1    <1 ms    <1 ms    <1 ms   1.1.4.1
  2     1 ms    <1 ms    <1 ms   1.1.1.1

Trace complete.

C:\Documents and Settings\Administrator>

C:\>ipconfig

Windows IP Configuration

-----------------------------------1.1.4.20-----------------------------------
Ethernet adapter 本地连接:

        Connection-specific DNS Suffix  . :
        IP Address. . . . . . . . . . . . : 1.1.4.20
        Subnet Mask . . . . . . . . . . . : 255.255.255.0
```

```
        Default Gateway . . . . . . . . . : 1.1.4.1

    C:\>tracert 1.1.1.1

    Tracing route to 1.1.1.1 over a maximum of 30 hops

      1     <1 ms     <1 ms     <1 ms   1.1.4.1
      2     16 ms     15 ms     15 ms   1.1.5.1
      3     15 ms     14 ms     15 ms   1.1.1.1

    Trace complete.
```

可以看出，不同源的路由已经发生了改变。

注意事项和排错

在配置访问列表时，使用 permit 后面加主机 IP 的形式，不需加掩码，系统默认使用全 255 的掩码作为单一主机掩码，与使用 255.255.255.255 效果是相同的。

配置策略路由的步骤大致为三步：①定义地址范围；②定义策略动作；③在入口加载策略。此三步缺一不可。

配置文档

-----------------R1-----------------	-----------------R2-----------------
R1#sh ru Building configuration... Current configuration: ! !version 1.3.3G service timestamps log date service timestamps debug date no service password-encryption ! hostname R1 ! gbsc group default ! interface Loopback0 ip address 1.1.1.1 255.255.255.0 no ip directed-broadcast !	R2#sh ru Building configuration... Current configuration: ! !version 1.3.3G service timestamps log date service timestamps debug date no service password-encryption ! hostname R2 ! gbsc group default ! interface FastEthernet0/0 ip address 1.1.3.2 255.255.255.0 no ip directed-broadcast !

（续）

<table>
<tr><td>

```
interface FastEthernet0/0
 ip address 1.1.3.1 255.255.255.0
 no ip directed-broadcast
!
interface FastEthernet0/3
 ip address 1.1.2.1 255.255.255.0
 no ip directed-broadcast
!
interface Serial0/1
 no ip address
 no ip directed-broadcast
!
interface Serial0/2
 no ip address
 no ip directed-broadcast
!
interface Async0/0
 no ip address
 no ip directed-broadcast
!
router ospf 1
 network 1.1.3.0 255.255.255.0 area 0
 network 1.1.2.0 255.255.255.0 area 0
 redistribute connect
!
```

</td><td>

```
interface FastEthernet0/1
 no ip address
 no ip directed-broadcast
!
interface Serial0/2
 no ip address
 no ip directed-broadcast
!
interface Serial0/3
 ip address 1.1.5.1 255.255.255.0
 no ip directed-broadcast
 physical-layer speed 64000
!
interface Async0/0
 no ip address
 no ip directed-broadcast
!
router ospf 1
 network 1.1.3.0 255.255.255.0 area 0
 network 1.1.5.0 255.255.255.0 area 0
 redistribute connect
!
```

</td></tr>
<tr><td colspan="2">

```
------------------------R3------------------------
R3#sh ru
Building configuration...

Current configuration:
!
!version 1.3.3G
service timestamps log date
service timestamps debug date
no service password-encryption
!
hostname R3
!
gbsc group default
!
 --More-- Jan   1 03:03:43 Configured from console 0 by UNKNOWN
```

</td></tr>
</table>

（续）

```
!
interface FastEthernet0/0
 ip address 1.1.2.2 255.255.255.0
 no ip directed-broadcast
!
interface FastEthernet0/3
 ip address 1.1.4.1 255.255.255.0
 no ip directed-broadcast
 ip policy route-map source_pbr
!
interface Serial0/1
 no ip address
 no ip directed-broadcast
!
interface Serial0/2
 ip address 1.1.5.2 255.255.255.0
 no ip directed-broadcast
 physical-layer speed 64000
!
interface Async0/0
 no ip address
 no ip directed-broadcast
!
router ospf 1
 network 1.1.2.0 255.255.255.0 area 0
 network 1.1.5.0 255.255.255.0 area 0
 redistribute connect
!
ip access-list standard for_10
 permit 1.1.4.10 255.255.255.255
!
ip access-list standard for_20
 permit 1.1.4.20 255.255.255.255
!
!
route-map source_pbr 10 permit
 match ip address for_10
 set ip next-hop 1.1.2.1
!
route-map source_pbr 20 permit
 match ip address for_20
 set ip next-hop 1.1.5.1
```

共同思考

1）如使用 loopback 接口是否可以作为测试源地址验证源地址策略路由？为什么？

2）策略路由的 route-map 设置前后顺序是否与访问列表一样重要？它是否允许进行插入和删除操作？

课后练习

给 R1 配置策略路由，使从 1.1.1.10 到来的数据全部通过 1.1.3.2 走，从 1.1.1.20 到来的数据全部通过 1.1.2.2 走。

实训二十一　基于应用的策略路由

实训目的

1．进一步理解策略路由的功能

2．掌握基于应用的策略路由的配置方法

应用环境

当网络的出口链路带宽和花销不同时，将关键业务的流量分配给带宽大的链路负载，将不重要且不紧急的流量分配给带宽小的处理，可以有效地提高链路的使用效率。

实训设备

1．三台路由器

2．两台 PC

3．若干网线

实训拓扑

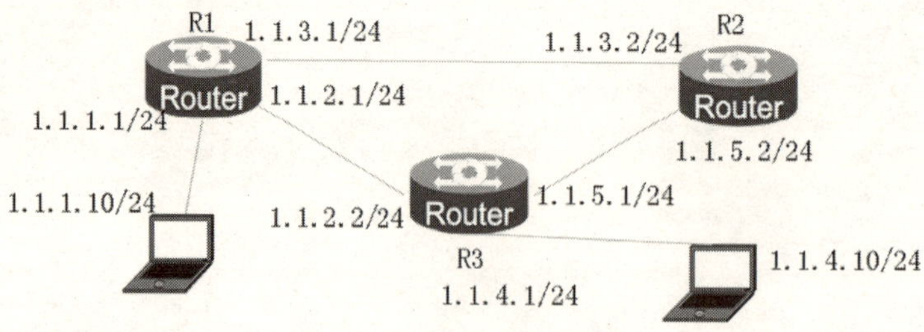

实训要求

1．配置基础网络环境

2．在网络中使用静态路由，在 R3 中不使用任何静态路由，只在 R1 和 R2 中定义静态路由，注意 R1 定义时使用浮动路由的配置，即到 1.1.4.0 网络的路由存在两个，但其度量

值不同

3. 在 R3 中启动策略路由，定义 TCP 数据下一跳为 1.1.2.1，UDP 数据下一跳为 1.1.5.2

4. 从 1.1.1.10 中启动一个 ftp 服务，从 1.1.4.10 发起一次 FTP 请求，在中间过程中将 1.1.5.1 端口 shut，查看传输是否有影响，再启用此接口，shut 1.1.2.2 接口，查看结果如何

实训步骤

1. 配置基础网络

具体步骤参考《实训二十 基于源地址的策略路由》，本处略。

2. 配置静态路由

```
-------------------R1-------------------
R1_config#ip route 1.1.4.0 255.255.255.0 1.1.2.2
R1_config#ip route 1.1.5.0 255.255.255.0 1.1.3.2
R1_config#ip route 1.1.5.0 255.255.255.0 1.1.2.2
R1_config#
-------------------R2-------------------
R2_config#ip route 1.1.2.0 255.255.255.0 1.1.3.1
R2_config#ip route 1.1.1.0 255.255.255.0 1.1.3.1
R2_config#ip route 1.1.4.0 255.255.255.0 1.1.5.2
R2_config#ip route 1.1.2.0 255.255.255.0 1.1.5.2
-------------------R3-------------------
R3_config#ip route 1.1.3.0 255.255.255.0 1.1.5.1
R3_config#ip route 1.1.3.0 255.255.255.0 1.1.2.1
R3_config#ip route 1.1.1.0 255.255.255.0 1.1.2.1
```

查看路由表：

```
-------------------R1-------------------
R1#sh ip route
Codes: C - connected, S - static, R - RIP, B - BGP, BC - BGP connected
       D - DEIGRP, DEX - external DEIGRP, O - OSPF, OIA - OSPF inter area
       ON1 - OSPF NSSA external type 1, ON2 - OSPF NSSA external type 2
       OE1 - OSPF external type 1, OE2 - OSPF external type 2
       DHCP - DHCP type

VRF ID: 0

C       1.1.1.0/24        is directly connected, Loopback0
C       1.1.2.0/24        is directly connected, FastEthernet0/3
C       1.1.3.0/24        is directly connected, FastEthernet0/0
```

```
S        1.1.4.0/24             [1,0] via 1.1.2.2(on FastEthernet0/3)
S        1.1.5.0/24             [1,0] via 1.1.2.2(on FastEthernet0/3)
                                [1,0] via 1.1.3.2(on FastEthernet0/0)
R1#
-----------------------------R2-----------------------------
R2#sh ip route
Codes: C - connected, S - static, R - RIP, B - BGP, BC - BGP connected
       D - DEIGRP, DEX - external DEIGRP, O - OSPF, OIA - OSPF inter area
       ON1 - OSPF NSSA external type 1, ON2 - OSPF NSSA external type 2
       OE1 - OSPF external type 1, OE2 - OSPF external type 2
       DHCP - DHCP type

VRF ID: 0

S        1.1.1.0/24             [1,0] via 1.1.3.1(on FastEthernet0/0)
S        1.1.2.0/24             [1,0] via 1.1.3.1(on FastEthernet0/0)
                                [1,0] via 1.1.5.2(on Serial0/3)
C        1.1.3.0/24             is directly connected, FastEthernet0/0
S        1.1.4.0/24             [1,0] via 1.1.5.2(on Serial0/3)
C        1.1.5.0/24             is directly connected, Serial0/3
R2#
-----------------------------R3-----------------------------
R3#sh ip route
Codes: C - connected, S - static, R - RIP, B - BGP, BC - BGP connected
       D - DEIGRP, DEX - external DEIGRP, O - OSPF, OIA - OSPF inter area
       ON1 - OSPF NSSA external type 1, ON2 - OSPF NSSA external type 2
       OE1 - OSPF external type 1, OE2 - OSPF external type 2
       DHCP - DHCP type

VRF ID: 0

S        1.1.1.0/24             [1,0] via 1.1.2.1(on FastEthernet0/0)
C        1.1.2.0/24             is directly connected, FastEthernet0/0
S        1.1.3.0/24             [1,0] via 1.1.2.1(on FastEthernet0/0)
                                [1,0] via 1.1.5.1(on Serial0/2)
C        1.1.4.0/24             is directly connected, FastEthernet0/3
C        1.1.5.0/24             is directly connected, Serial0/2
R3#
```

3. 配置 R3 的策略路由

定义 ICMP 数据下一跳为 1.1.5.2，UDP 数据下一跳为 1.1.2.1

过程如下：

```
R3_config#ip access-list extended for_icmp
R3_config_ext_nacl#permit icmp any any
R3_config_ext_nacl#exit
R3_config#ip access-list extended for_udp
R3_config_ext_nacl#permit udp any any
R3_config_ext_nacl#exit
R3_config#route-map app_pbr 10 permit
R3_config_route_map#match ip address for_icmp
R3_config_route_map#set ip next-hop 1.1.5.1
R3_config_route_map#exit
R3_config#route-map app_pbr 20 permit
R3_config_route_map# match ip address for_udp
R3_config_route_map#set ip next-hop 1.1.2.1
R3_config_route_map#exit
R3_config#R3_config#interface fastEthernet 0/3
R3_config_f0/3#ip policy route-map app_pbr
R3_config_f0/3#
```

查看当前配置情况，如下：

```
R3_config#sh ip policy
  Interface             Route-map
  FastEthernet0/3       app_pbr
R3_config#
```

4．测试结果

从 PC 测试策略路由的配置是否生效，使用如下过程，

使用 ping 1.1.1.1 来测试整个过程，策略路由生效的情况下，返回连通状态，如下：

```
C:\Documents and Settings\Administrator>ping 1.1.1.1

Pinging 1.1.1.1 with 32 bytes of data:

Reply from 1.1.1.1: bytes=32 time=12ms TTL=254
Reply from 1.1.1.1: bytes=32 time=15ms TTL=254
Reply from 1.1.1.1: bytes=32 time=13ms TTL=254
Reply from 1.1.1.1: bytes=32 time=11ms TTL=254

Ping statistics for 1.1.1.1:
    Packets: Sent = 4, Received = 4, Lost = 0 (0% loss),
Approximate round trip times in milli-seconds:
    Minimum = 11ms, Maximum = 15ms, Average = 12ms
```

C:\Documents and Settings\Administrator>

此时将策略路由的指向 1.1.5.1 链路断开（比如使用 shutdown 命令），由于策略路由不存在，而 R3 的静态路由还在生效，因此依然是连通状态。但仔细观察，其返回时间是不同的，如下：

```
C:\Documents and Settings\Administrator>ping 1.1.1.1

Pinging 1.1.1.1 with 32 bytes of data:

Reply from 1.1.1.1: bytes=32 time=1ms TTL=254
Reply from 1.1.1.1: bytes=32 time<1ms TTL=254
Reply from 1.1.1.1: bytes=32 time<1ms TTL=254
Reply from 1.1.1.1: bytes=32 time<1ms TTL=254

Ping statistics for 1.1.1.1:
    Packets: Sent = 4, Received = 4, Lost = 0 (0% loss),
Approximate round trip times in milli-seconds:
    Minimum = 0ms, Maximum = 1ms, Average = 0ms

C:\Documents and Settings\Administrator>
```

此时，将静态路由删除，如下：

```
R3_config#no ip route 1.1.1.0 255.255.255.0 1.1.2.1
```

此时再次测试连通性，结果如下：

```
C:\Documents and Settings\Administrator>ping 1.1.1.1

Pinging 1.1.1.1 with 32 bytes of data:

Reply from 1.1.4.1: Destination host unreachable.
Reply from 1.1.4.1: Destination host unreachable.
Reply from 1.1.4.1: Destination host unreachable.
Reply from 1.1.4.1: Destination host unreachable.

Ping statistics for 1.1.1.1:
    Packets: Sent = 4, Received = 4, Lost = 0 (0% loss)
Approximate round trip times in milli-seconds:
    Minimum = 0ms, Maximum = 0ms, Average = 0ms

C:\Documents and Settings\Administrator>
```

发现此时既没有策略路由，也没有静态路由，已经不通了。此时将策略路由所使用的链路启动，再次测试。

命令如下：

```
R3_config#int s 0/2
```

R3_config_s0/2#no shut

R3_config_s0/2#Jan　1 03:42:17 Line on Interface Serial0/2, changed to up

Jan　1 03:42:27 Line protocol on Interface Serial0/2, change state to up

测试结果如下：

```
C:\Documents and Settings\Administrator>ping 1.1.1.1

Pinging 1.1.1.1 with 32 bytes of data:

Reply from 1.1.1.1: bytes=32 time=12ms TTL=254
Reply from 1.1.1.1: bytes=32 time=11ms TTL=254
Reply from 1.1.1.1: bytes=32 time=11ms TTL=254
Reply from 1.1.1.1: bytes=32 time=11ms TTL=254

Ping statistics for 1.1.1.1:
    Packets: Sent = 4, Received = 4, Lost = 0 (0% loss),
Approximate round trip times in milli-seconds:
    Minimum = 11ms, Maximum = 12ms, Average = 11ms

C:\Documents and Settings\Administrator>
```

注意：此时的返回时间与第一次测试时是一致的。

注意事项和排错

1）本实训由于涉及到应用类型，因此，访问列表必须使用扩展列表，标准访问列表是无法实现的。

2）由于 R3 路由器的静态路由针对 1.1.1.0 网络是指向 1.1.2.1 的，因此本实训的实际有意将策略路由的指向改到 1.1.5.1，目的是方便观测实训效果，但实际应用中尽量不使用次优的路由定义策略。

配置文档

--------------------R1--------------------	--------------------R2--------------------
R1#sh ru Building configuration... Current configuration: ! !version 1.3.3G service timestamps log date service timestamps debug date no service password-encryption	R2#sh ru Building configuration... Current configuration: ! !version 1.3.3G service timestamps log date service timestamps debug date no service password-encryption

（续）

```
!                                                  !
hostname R1                                        hostname R2
!                                                  !
gbsc group default                                 gbsc group default
!                                                  !
 --More-- Jan   1 03:48:22 Configured from console interface FastEthernet0/0
0 by UNKNOWN                                        ip address 1.1.3.2 255.255.255.0
!                                                   no ip directed-broadcast
interface Loopback0                                !
 ip address 1.1.1.1 255.255.255.0                  interface FastEthernet0/1
 no ip directed-broadcast                           no ip address
!                                                   no ip directed-broadcast
interface FastEthernet0/0                          !
 ip address 1.1.3.1 255.255.255.0                  interface Serial0/2
 no ip directed-broadcast                           no ip address
!                                                   no ip directed-broadcast
interface FastEthernet0/3                           physical-layer speed 64000
 ip address 1.1.2.1 255.255.255.0                  !
 no ip directed-broadcast                          interface Serial0/3
!                                                   ip address 1.1.5.1 255.255.255.0
interface Serial0/1                                 no ip directed-broadcast
 no ip address                                      physical-layer speed 64000
 no ip directed-broadcast                          !
!                                                  interface Async0/0
interface Serial0/2                                 no ip address
 no ip address                                      no ip directed-broadcast
 no ip directed-broadcast                          !
!                                                  ip route 1.1.1.0 255.255.255.0 1.1.3.1
interface Async0/0                                 ip route 1.1.2.0 255.255.255.0 1.1.3.1
 no ip address                                     ip route 1.1.2.0 255.255.255.0 1.1.5.2
 no ip directed-broadcast                          ip route 1.1.4.0 255.255.255.0 1.1.5.2
!                                                  !
router ospf 1
 network 1.1.3.0 255.255.255.0 area 0
 network 1.1.2.0 255.255.255.0 area 0
 redistribute connect
!
ip route 1.1.4.0 255.255.255.0 1.1.2.2
ip route 1.1.5.0 255.255.255.0 1.1.2.2
ip route 1.1.5.0 255.255.255.0 1.1.3.2
!
```

（续）

```
------------------R3------------------
R3#sh ru
Building configuration...

Current configuration:
!
!version 1.3.3G
service timestamps log date
service timestamps debug date
no service password-encryption
!
hostname R3
!
gbsc group default
!
interface FastEthernet0/0
 ip address 1.1.2.2 255.255.255.0
 no ip directed-broadcast
!
interface FastEthernet0/3
 ip address 1.1.4.1 255.255.255.0
 no ip directed-broadcast
 ip policy route-map app_pbr
!
interface Serial0/1
 no ip address
 no ip directed-broadcast
!
interface Serial0/2
 ip address 1.1.5.2 255.255.255.0
 no ip directed-broadcast
 physical-layer speed 64000
!
interface Async0/0
 no ip address
 no ip directed-broadcast
!
ip route 1.1.3.0 255.255.255.0 1.1.2.1
ip route 1.1.3.0 255.255.255.0 1.1.5.1
!
ip access-list extended for_udp
 permit udp any any
```

（续）

```
!
ip access-list extended for_icmp
 permit icmp any any
!
!
route-map app_pbr 10 permit
 match ip address for_icmp
 set ip next-hop 1.1.5.1
!
route-map app_pbr 20 permit
 match ip address for_udp
 set ip next-hop 1.1.2.1
```

共同思考

设计一个过程测试基于 UDP 协议的策略路由设置。

课后练习

设计一个基于 TCP 协议的策略路由，并实现它。

实训二十二　IBGP 和 EBGP 基本配置

实训目的

1．理解 BGP 工作原理和路由更新过程
2．理解 IBGP 和 EBGP 的区别
3．理解 BGP 协议与 IGP 协议的不同

应用环境

在大型网络中，尤其是大型的 ISP 之间，传统的 IGP 已经无法适应庞大的路由表的互相传递，这时，以 AS 为路由基本单位的协议 BGP 是比较合适的域间协议选择。

实训设备

1．三台路由器
2．两台 PC
3．若干网线

实训拓扑

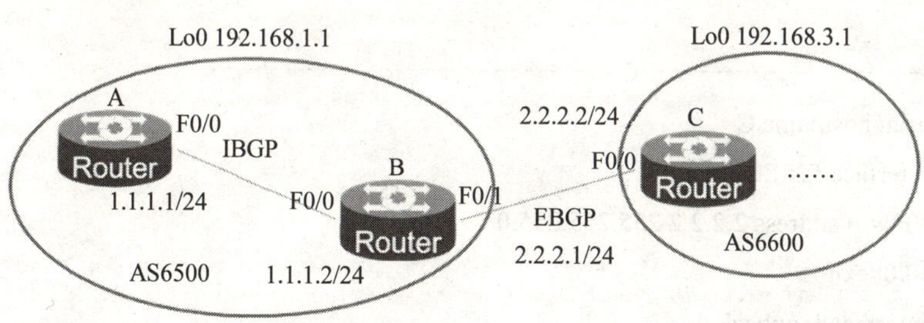

实训要求

1．配置基本网络环境，注意不要配置路由
2．在 A、B 和 C 中分别设置一个 LOOPBACK 接口，配置相应的 IP 网段

3. 在三台设备中启动 BGP 协议，指定相应的 AS 号，使用 network 命令指定相应网段，包括 loopback 接口网络，查看路由表

4. 打开 A 和 B 的同步，查看结果，分析

实训步骤

1. 配置基础网络环境

	A	B	C
F0/0	1.1.1.1	1.1.1.2	2.2.2.2
F0/1		2.2.2.1	
Loopback0	192.168.1.1		192.168.3.1

```
--------------------------------A--------------------------------
Router_config#hostname A
A_config#interface fastEthernet 0/0
A_config_f0/0#ip address 1.1.1.1 255.255.255.0
A_config_f0/0#exit
A_config#interface loopback 0
A_config_l0#ip address 192.168.1.1 255.255.255.0
A_config_l0#
--------------------------------B--------------------------------
Router_config#hostname B
B_config#interface fastEthernet 0/0
B_config_f0/0#ip address 1.1.1.2 255.255.255.0
B_config_f0/0#exit
B_config#interface fastEthernet 0/1
B_config_f0/1#ip address 2.2.2.1 255.255.255.0
B_config_f0/1#exit
B_config#
--------------------------------C--------------------------------
Router_config#hostname C
C_config#interface fastEthernet 0/0
C_config_f0/0#ip address 2.2.2.2 255.255.255.0
C_config_f0/0#exit
C_config#interface loopback 0
C_config_l0#ip address 192.168.3.1 255.255.255.0
C_config_l0#exit
C_config#
```

测试单链路连通性：

```
C#ping 2.2.2.2
```

```
PING 2.2.2.2 (2.2.2.2): 56 data bytes
!!!!!
--- 2.2.2.2 ping statistics ---
5 packets transmitted, 5 packets received, 0% packet loss
round-trip min/avg/max = 0/0/0 ms
C#
B#ping 1.1.1.1
PING 1.1.1.1 (1.1.1.1): 56 data bytes
!!!!!
--- 1.1.1.1 ping statistics ---
5 packets transmitted, 5 packets received, 0% packet loss
round-trip min/avg/max = 0/0/0 ms
B#
```

2．配置 BGP 协议

```
----------------------------A----------------------------
A_config#router bgp 6500
A_config_bgp#neighbor 1.1.1.2 remote-as 6500
A_config_bgp#network 192.168.1.0/24
A_config_bgp#no synchronization
A_config_bgp#
----------------------------B----------------------------
B_config#router bgp 6500
B_config_bgp#neighbor 1.1.1.1 remote-as 6500
B_config_bgp#neighbor 2.2.2.2 remote-as 6600
B_config_bgp#network 1.1.1.0/24
B_config_bgp#network 2.2.2.0/24
B_config_bgp#no synchronization
B_config_bgp#exit
B_config#
----------------------------C----------------------------
C_config#router bgp 6600
C_config_bgp#neighbor 2.2.2.1 remote-as 6500
C_config_bgp#network 192.168.3.0/24
C_config_bgp#network 2.2.2.0/24
C_config_bgp#
```

查看三台路由器的路由表

```
----------------------------A----------------------------
A#sh ip route
```

```
Codes: C - connected, S - static, R - RIP, B - BGP, BC - BGP connected
       D - DEIGRP, DEX - external DEIGRP, O - OSPF, OIA - OSPF inter area
       ON1 - OSPF NSSA external type 1, ON2 - OSPF NSSA external type 2
       OE1 - OSPF external type 1, OE2 - OSPF external type 2
       DHCP - DHCP type

VRF ID: 0

C     1.1.1.0/24          is directly connected, FastEthernet0/0
B     2.2.2.0/24          [200,0] via 1.1.1.2
C     192.168.1.0/24      is directly connected, Loopback0
B     192.168.3.0/24      [200,0] via 2.2.2.2
A#
-----------------------------B-----------------------------
B#Jan  1 00:30:13 Configured from console 0 by UNKNOWN
sh ip route
Codes: C - connected, S - static, R - RIP, B - BGP, BC - BGP connected
       D - DEIGRP, DEX - external DEIGRP, O - OSPF, OIA - OSPF inter area
       ON1 - OSPF NSSA external type 1, ON2 - OSPF NSSA external type 2
       OE1 - OSPF external type 1, OE2 - OSPF external type 2
       DHCP - DHCP type

VRF ID: 0

C     1.1.1.0/24          is directly connected, FastEthernet0/0
C     2.2.2.0/24          is directly connected, FastEthernet0/1
B     192.168.1.0/24      [200,0] via 1.1.1.1
B     192.168.3.0/24      [20,0] via 2.2.2.2
B#
-----------------------------C-----------------------------
C_config#sh ip route
Codes: C - connected, S - static, R - RIP, B - BGP, BC - BGP connected
       D - DEIGRP, DEX - external DEIGRP, O - OSPF, OIA - OSPF inter area
       ON1 - OSPF NSSA external type 1, ON2 - OSPF NSSA external type 2
       OE1 - OSPF external type 1, OE2 - OSPF external type 2
       DHCP - DHCP type

VRF ID: 0

B     1.1.1.0/24          [20,0] via 2.2.2.1
C     2.2.2.0/24          is directly connected, FastEthernet0/0
```

```
B        192.168.1.0/24        [20,0] via 2.2.2.1
C        192.168.3.0/24        is directly connected, Loopback0
C_config#
```

3. 查看当前 BGP 协议配置情况

```
---------------------------A---------------------------
A#sh ip bgp
BGP table version is 0, local router ID is 192.168.1.1
Status codes: s suppressed, d damped, h history, * valid, > best, i - internal
Origin codes: i - IGP, e - EGP, ? - incomplete

   Network             Next Hop            Metric LocPrf Weight Path
*>i1.1.1.0/24          1.1.1.2                    100         0 i
*>i2.2.2.0/24          1.1.1.2                    100         0 i
*> 192.168.1.0/24      0.0.0.0                            32768 i
*>i192.168.3.0/24      2.2.2.2                    100       0 6600 i

Total number of prefixes 4
A#
---------------------------B---------------------------
B#sh ip bgp
BGP table version is 0, local router ID is 2.2.2.1
Status codes: s suppressed, d damped, h history, * valid, > best, i - internal
Origin codes: i - IGP, e - EGP, ? - incomplete

   Network             Next Hop            Metric LocPrf Weight Path
*> 1.1.1.0/24          0.0.0.0                              32768 i
*> 2.2.2.0/24          0.0.0.0                              32768 i
*                      2.2.2.2                             0 6600 i
*>i192.168.1.0/24      1.1.1.1                    100           0 i
*> 192.168.3.0/24      2.2.2.2                             0 6600 i

Total number of prefixes 4
B#
---------------------------C---------------------------
C#sh ip bgp
BGP table version is 0, local router ID is 192.168.3.1
Status codes: s suppressed, d damped, h history, * valid, > best, i - internal
Origin codes: i - IGP, e - EGP, ? - incomplete
```

```
   Network            Next Hop         Metric LocPrf Weight Path
*> 1.1.1.0/24         2.2.2.1                         0 6500 i
*   2.2.2.0/24        2:2.2.1                         0 6500 i
*>                    0.0.0.0                         32768 i
*> 192.168.1.0/24     2.2.2.1                         0 6500 i
*> 192.168.3.0/24     0.0.0.0                         32768 i

Total number of prefixes 4
C#
```

4．打开 A 和 B 的同步，查看结果

```
A_config#router bgp 6500
A_config_bgp#synchronization
A_config_bgp#
2002-1-1 00:48:01 BGP: remove 2.2.2.0/24 from 1.1.1.2 from ip route table
2002-1-1 00:48:01 BGP: remove 192.168.3.0/24 from 1.1.1.2 from ip route table
```

注意： 此时 A 路由表中的 2.2.2.0 和 192.168.3.0 项被删除了，这是因为同步开启的结果，由此可以看出，同步开启后，只有通过 IGP 可以连通的网络才可以被写入路由表。

再看 B 的结果。

```
B_config#router bgp 6500
B_config_bgp#synchronization
B_config_bgp#
```

2002-1-1 00:50:30 BGP: remove 192.168.1.0/24 from 1.1.1.1 from ip route table

2002-1-1 00:50:30 BGP: 2.2.2.2 send UPDATE 192.168.1.0/24 – unreachable

此时 B 也将它不能通过 IGP 学习到的信息从它的表中删除了。

此时查看路由表发现已经无法学习到正确的路由了。

5．在 A 和 B 中增加 OSPF 单区域协议

```
A_config#router ospf 1
A_config_ospf_1#network 1.1.1.0 255.255.255.0 area 0
A_config_ospf_1#redistribute connect
A_config_ospf_1#exit
A_config#
B_config#router ospf 1
B_config_ospf_1#network 1.1.1.0 255.255.255.0 area 0
B_config_ospf_1#network 2.2.2.0 255.255.255.0 area 0
```

```
B_config_ospf_1#exit
B_config#
```

在 ABC 的 BGP 协议中增加 OSPF 路由的重发布，如下：

```
A_config#router bgp 6500
A_config_bgp#redistribute connected
A_config_bgp#redistribute ospf 1
A_config_bgp#

B_config#router bgp 6500
B_config_bgp#redistribute connected
B_config_bgp#redistribute ospf 1
B_config_bgp#

C_config#router bgp 6600
C_config_bgp#redistribute connected
C_config_bgp#exit
```

查看路由表如下：

```
A#sh ip route
Codes: C - connected, S - static, R - RIP, B - BGP, BC - BGP connected
       D - DEIGRP, DEX - external DEIGRP, O - OSPF, OIA - OSPF inter area
       ON1 - OSPF NSSA external type 1, ON2 - OSPF NSSA external type 2
       OE1 - OSPF external type 1, OE2 - OSPF external type 2
       DHCP - DHCP type

VRF ID: 0

C      1.1.1.0/24          is directly connected, FastEthernet0/0
O      2.2.2.0/24          [110,2] via 1.1.1.2(on FastEthernet0/0)
C      192.168.1.0/24      is directly connected, Loopback0
A#

B_config#sh ip route
Codes: C - connected, S - static, R - RIP, B - BGP, BC - BGP connected
       D - DEIGRP, DEX - external DEIGRP, O - OSPF, OIA - OSPF inter area
       ON1 - OSPF NSSA external type 1, ON2 - OSPF NSSA external type 2
       OE1 - OSPF external type 1, OE2 - OSPF external type 2
       DHCP - DHCP type

VRF ID: 0

C      1.1.1.0/24          is directly connected, FastEthernet0/0
```

```
C       2.2.2.0/24         is directly connected, FastEthernet0/1
O E2    192.168.1.0/24     [150,100] via 1.1.1.1(on FastEthernet0/0)
B       192.168.3.0/24     [20,0] via 2.2.2.2
B_config#

C#sh ip route
Codes: C - connected, S - static, R - RIP, B - BGP, BC - BGP connected
       D - DEIGRP, DEX - external DEIGRP, O - OSPF, OIA - OSPF inter area
       ON1 - OSPF NSSA external type 1, ON2 - OSPF NSSA external type 2
       OE1 - OSPF external type 1, OE2 - OSPF external type 2
       DHCP - DHCP type

VRF ID: 0

B       1.1.1.0/24         [20,0] via 2.2.2.1
C       2.2.2.0/24         is directly connected, FastEthernet0/0
B       192.168.1.0/24     [20,0] via 2.2.2.1
C       192.168.3.0/24     is directly connected, Loopback0
C#
```

从上面我们看到，只有A没有形成完整的路由表，这是由于IBGP之间的同步造成的，因此，我们将A和B之间的同步关闭，即可解决这个问题，如下：

```
A_config#router bgp 6500
A_config_bgp#no synchronization
A_config_bgp#
2002-1-1 01:13:30 BGP: install 192.168.3.0/24 from 1.1.1.2 to ip route table
2002-1-1 01:13:30 BGP: 1.1.1.2 [CHECK] (from) 192.168.3.0/24
```

提示信息已经告诉我们，这条路由已经被写入A的路由表，测试：

```
Codes: C - connected, S - static, R - RIP, B - BGP, BC - BGP connected
       D - DEIGRP, DEX - external DEIGRP, O - OSPF, OIA - OSPF inter area
       ON1 - OSPF NSSA external type 1, ON2 - OSPF NSSA external type 2
       OE1 - OSPF external type 1, OE2 - OSPF external type 2
       DHCP - DHCP type

VRF ID: 0

C       1.1.1.0/24         is directly connected, FastEthernet0/0
O       2.2.2.0/24         [110,2] via 1.1.1.2(on FastEthernet0/0)
C       192.168.1.0/24     is directly connected, Loopback0
B       192.168.3.0/24     [200,0] via 2.2.2.2
A_config#
```

进一步测试连通性：

```
A_config#ping 192.168.3.1
PING 192.168.3.1 (192.168.3.1): 56 data bytes
!!!!!
--- 192.168.3.1 ping statistics ---
5 packets transmitted, 5 packets received, 0% packet loss
round-trip min/avg/max = 0/0/0 ms
A_config#
```

由上面的实训，我们了解，BGP 同步的开启有时将带来不应有的结果，因此，一般建议关闭 BGP 的同步。

注意事项和排错

使用 show Ip bgp 可以查看关于 BGP 协议路由的详细信息，如下为最终的 A、B、C 的 bgp 路由：

```
-----------------------------A-----------------------------
A#Jan   1 01:19:51 Configured from console 0 by UNKNOWN
sh ip bgp
BGP table version is 0, local router ID is 192.168.1.1
Status codes: s suppressed, d damped, h history, * valid, > best, i - internal
Origin codes: i - IGP, e - EGP, ? - incomplete

   Network            Next Hop         Metric LocPrf Weight Path
*> 1.1.1.0/24         0.0.0.0                        32768 ?
* i                   1.1.1.2                 100        0 ?
*> 2.2.2.0/24         1.1.1.2                        32768 ?
* i                   1.1.1.2                 100        0 ?
*> 192.168.1.0/24     0.0.0.0                        32768 ?
*>i192.168.3.0/24     2.2.2.2                 100        0 6600 ?

Total number of prefixes 4
A#
-----------------------------B-----------------------------
B#sh ip bgp
BGP table version is 0, local router ID is 2.2.2.1
Status codes: s suppressed, d damped, h history, * valid, > best, i - internal
Origin codes: i - IGP, e - EGP, ? - incomplete

   Network            Next Hop         Metric LocPrf Weight Path
*> 1.1.1.0/24         0.0.0.0                        32768 ?
```

```
* i                   1.1.1.1              100        0 ?
*> 2.2.2.0/24         0.0.0.0                     32768 ?
*                     2.2.2.2                    0 6600 ?
*>i192.168.1.0/24     1.1.1.1              100        0 ?
*> 192.168.3.0/24     2.2.2.2                    0 6600 ?

Total number of prefixes 4
B#Jan    1 01:20:05 Configured from console 0 by UNKNOWN
-----------------------------C-----------------------------
C#sh ip bgp
BGP table version is 0, local router ID is 192.168.3.1
Status codes: s suppressed, d damped, h history, * valid, > best, i - internal
Origin codes: i - IGP, e - EGP, ? - incomplete

   Network            Next Hop          Metric LocPrf Weight Path
*> 1.1.1.0/24         2.2.2.1                        0 6500 ?
*    2.2.2.0/24       2.2.2.1                        0 6500 ?
*>                    0.0.0.0                         32768 ?
*> 192.168.1.0/24     2.2.2.1                        0 6500 ?
*> 192.168.3.0/24     0.0.0.0                         32768 ?

Total number of prefixes 4
C#
```

此时的 BGP 路由表与第三步中的 BGP 路由表相比有一些不同，主要是由于在使用了路由重分布将直连路由和协议路由发布进 BGP 的缘故。

配置文档

------------------------A------------------------	------------------------B------------------------
A#sh ru	B#sh ru
Building configuration...	Building configuration...
Current configuration:	Current configuration:
!	!
!version 1.3.3G	!version 1.3.3G
service timestamps log date	service timestamps log date
service timestamps debug date	service timestamps debug date
no service password-encryption	no service password-encryption

（续）

<table>
<tr><td>!
hostname A
!
gbsc group default
!
interface Loopback0
 ip address 192.168.1.1 255.255.255.0
 no ip directed-broadcast
!
interface FastEthernet0/0
 ip address 1.1.1.1 255.255.255.0
 no ip directed-broadcast
!
interface FastEthernet0/3
 no ip address
 no ip directed-broadcast
!
interface Serial0/1
 no ip address
 no ip directed-broadcast
!
interface Serial0/2
 no ip address
 no ip directed-broadcast
!
interface Async0/0
 no ip address
 no ip directed-broadcast
!
router ospf 1
 network 1.1.1.0 255.255.255.0 area 0
 redistribute connect
!
router bgp 6500
 no synchronization
 bgp log-neighbor-changes
 redistribute connected
 redistribute ospf 1
 neighbor 1.1.1.2 remote-as 6500
!</td><td>!
hostname B
!
gbsc group default
!
interface FastEthernet0/0
 ip address 1.1.1.2 255.255.255.0
 no ip directed-broadcast
!
interface FastEthernet0/1
 ip address 2.2.2.1 255.255.255.0
 no ip directed-broadcast
!
interface Serial0/2
 no ip address
 no ip directed-broadcast
!
interface Serial0/3
 no ip address
 no ip directed-broadcast
!
interface Async0/0
 no ip address
 no ip directed-broadcast
!
router ospf 1
 network 1.1.1.0 255.255.255.0 area 0
 network 2.2.2.0 255.255.255.0 area 0
!
router bgp 6500
 bgp log-neighbor-changes
 redistribute connected
 redistribute ospf 1
 neighbor 1.1.1.1 remote-as 6500
 neighbor 2.2.2.2 remote-as 6600
!</td></tr>
</table>

（续）

```
------------------------C------------------------
C#sh ru
Building configuration...

Current configuration:
!
!version 1.3.3G
service timestamps log date
service timestamps debug date
no service password-encryption
!
hostname C
!
gbsc group default
!
interface Loopback0
 ip address 192.168.3.1 255.255.255.0
 no ip directed-broadcast
!
interface FastEthernet0/0
 ip address 2.2.2.2 255.255.255.0
 no ip directed-broadcast
!
interface FastEthernet0/3
 no ip address
 no ip directed-broadcast
!
interface Serial0/1
 no ip address
 no ip directed-broadcast
!
interface Serial0/2
 no ip address
 no ip directed-broadcast
!
interface Async0/0
 no ip address
 no ip directed-broadcast
!
router bgp 6600
 bgp log-neighbor-changes
 redistribute connected
 neighbor 2.2.2.1 remote-as 6500
```

共同思考

将 A 和 B 中的 no synchronization 去掉，结果如何？

课后练习

内网（A 和 B 所在网络）使用静态路由完成 IGP 的设置，其中 A 使用默认路由做，重新做 BGP 协议的配置。

实训二十三 BGP 地址聚合

实训目的

1. 理解 BGP 手动地址汇聚
2. 深入理解 BGP 协议汇总地址
3. 掌握配置地址汇聚的方法

应用环境

BGP 支持手动汇总，将多条精细路由汇总为一个汇总路由。既可以用始发路由器的汇合，也可以用于接收路由器的汇合。

实训设备

1. 两台路由器
2. 两台 PC

实训拓扑

实训要求

1. 配置基础网络环境
2. 配置两台路由器为 EBGP 邻居，并在 A 中配置一个 loopback 接口，地址为 192.168.1.1/24
3. 配置 B 路由器汇总关于 172.16.0.0 的路由，查看 A 获取的路由表

4．将 B 的汇总路由进行升级，称为仅发布汇总消息的 BGP 协议，查看 A 路由器的结果

实训步骤

1．配置基础网络环境，A 和 B 成为 EBGP 邻居

	A	B
F0/0	1.1.1.1/24	1.1.1.2/24
Loopback0	192.168.1.1/24	172.16.1.1/24
Loopback1		172.16.2.1/24
Loopback2		172.16.3.1/24
Loopback3		172.16.4.1/24
Loopback4		172.16.5.1/24
Loopback5		172.16.6.1/24
Loopback6		172.16.7.1/24

```
---------------------------A---------------------------
Router_config#host A
A_config#interface fastEthernet 0/0
A_config_f0/0#ip add 1.1.1.1 255.255.255.0
A_config_f0/0#exit
A_config#interface loopback0
A_config_l0#ip add 192.168.1.1 255.255.255.0
A_config_l0#
A_config_l0#exit
A_config#
---------------------------B---------------------------
B_config#interface fastEthernet 0/0
B_config_f0/0#ip add 1.1.1.2 255.255.255.0
B_config_f0/0#exit
B_config#interface loopback 0
B_config_l0#ip address 172.16.1.1 255.255.255.0
B_config_l0#exit
B_config#interface loopback 1
B_config_l1#ip address 172.16.2.1 255.255.255.0
B_config_l1#exit
B_config#interface loopback 2
B_config_l2#ip address 172.16.3.1 255.255.255.0
B_config_l2#exit
B_config#interface loopback 3
```

```
B_config_l3#ip address 172.16.4.1 255.255.255.0
B_config_l3#exit
B_config#interface loopback 4
B_config_l4#ip add 172.16.5.1 255.255.255.0
B_config_l4#exit
B_config#interface loopback 5
B_config_l5#ip add 172.16.6.1 255.255.255.0
B_config_l5#exit
B_config#interface loopback 6
B_config_l6#ip add 172.16.7.1 255.255.255.0
B_config_l6#exit
```

2．启动 BGP 协议，定义两个设备为 EBGP 邻居

```
--------------------------A--------------------------
A_config#router bgp 100
A_config_bgp#neighbor 1.1.1.2 remote-as 200
A_config_bgp#network 192.168.1.0/24
A_config_bgp#exit
A_config#
A_config#exit
--------------------------B--------------------------
B#config
B_config#router bgp 200
B_config_bgp#neighbor 1.1.1.1 remote-as 100
B_config_bgp#network 172.16.1.0/24
Jan   1 00:25:37 %BGP-ADJCHANGE: neighbor 1.1.1.1 Up
B_config_bgp#network 172.16.2.0/24
B_config_bgp#network 172.16.3.0/24
B_config_bgp#network 172.16.4.0/24
B_config_bgp#network 172.16.5.0/24
B_config_bgp#network 172.16.6.0/24
B_config_bgp#network 172.16.7.0/24
B_config_bgp#exit
B_config#
```

查看路由表，结果如下：

```
--------------------------A--------------------------
A#sh ip route
Codes: C - connected, S - static, R - RIP, B - BGP, BC - BGP connected
       D - DEIGRP, DEX - external DEIGRP, O - OSPF, OIA - OSPF inter area
```

```
        ON1 - OSPF NSSA external type 1, ON2 - OSPF NSSA external type 2
        OE1 - OSPF external type 1, OE2 - OSPF external type 2
        DHCP - DHCP type

VRF ID: 0

C       1.1.1.0/24          is directly connected, FastEthernet0/0
B       172.16.1.0/24       [20,0] via 1.1.1.2
B       172.16.2.0/24       [20,0] via 1.1.1.2
B       172.16.3.0/24       [20,0] via 1.1.1.2
B       172.16.4.0/24       [20,0] via 1.1.1.2
B       172.16.5.0/24       [20,0] via 1.1.1.2
B       172.16.6.0/24       [20,0] via 1.1.1.2
B       172.16.7.0/24       [20,0] via 1.1.1.2
C       192.168.1.0/24      is directly connected, Loopback0
A#
-------------------------B-------------------------
B#sh ip route
Codes: C - connected, S - static, R - RIP, B - BGP, BC - BGP connected
        D - DEIGRP, DEX - external DEIGRP, O - OSPF, OIA - OSPF inter area
        ON1 - OSPF NSSA external type 1, ON2 - OSPF NSSA external type 2
        OE1 - OSPF external type 1, OE2 - OSPF external type 2
        DHCP - DHCP type

VRF ID: 0

C       1.1.1.0/24          is directly connected, FastEthernet0/0
C       172.16.1.0/24       is directly connected, Loopback0
C       172.16.2.0/24       is directly connected, Loopback1
C       172.16.3.0/24       is directly connected, Loopback2
C       172.16.4.0/24       is directly connected, Loopback3
C       172.16.5.0/24       is directly connected, Loopback4
C       172.16.6.0/24       is directly connected, Loopback5
C       172.16.7.0/24       is directly connected, Loopback6
B       192.168.1.0/24      [20,0] via 1.1.1.1
B#
```

从以上路由表中看到，通过 BGP 协议学习到的路由非常多，但实际可以通过命令减少路由表条目，命令如下：

```
B#config
```

```
B_config#router bgp 200
B_config_bgp#aggregate-address 172.16.0.0/21
B_config_bgp#
```

此时查看 B 的路由表，没有什么变化，但查看 A 时，发现增加了如下黑体字内容：

```
A#sh ip route
Codes: C - connected, S - static, R - RIP, B - BGP, BC - BGP connected
       D - DEIGRP, DEX - external DEIGRP, O - OSPF, OIA - OSPF inter area
       ON1 - OSPF NSSA external type 1, ON2 - OSPF NSSA external type 2
       OE1 - OSPF external type 1, OE2 - OSPF external type 2
       DHCP - DHCP type

VRF ID: 0

C     1.1.1.0/24          is directly connected, FastEthernet0/0
B     172.16.0.0/21       [20,0] via 1.1.1.2
B     172.16.1.0/24       [20,0] via 1.1.1.2
B     172.16.2.0/24       [20,0] via 1.1.1.2
B     172.16.3.0/24       [20,0] via 1.1.1.2
B     172.16.4.0/24       [20,0] via 1.1.1.2
B     172.16.5.0/24       [20,0] via 1.1.1.2
B     172.16.6.0/24       [20,0] via 1.1.1.2
B     172.16.7.0/24       [20,0] via 1.1.1.2
C     192.168.1.0/24      is directly connected, Loopback0
A#

A#sh ip bgp net 172.16.0.0/21
BGP routing table entry for 172.16.0.0/21
Paths: (1 available, best #1, table Default-IP-Routing-Table)
  Not advertised to any peer
  200, (aggregated by 200 172.16.7.1)
    1.1.1.2 from 1.1.1.2 (172.16.7.1)
      Origin IGP, metric 0, localpref 100, valid, external, best
      Last update: Thu Jan   1 00:32:57 1970

A#
```

使用命令查看网络 172.16.0.0/21 的路由，BGP 协议已经得到消息它是被邻居汇聚的地址，但路由表还是没有减少，怎样调整？

注意事项和排错

使用 summary-only 命令可以解决上面的问题，如下所示：

```
B_config_bgp#aggregate-address 172.16.0.0/21 summary-only
Update aggregate configuration.
B_config_bgp#
```

此时再次查看 A 的路由表，得到如下结果：

```
A#sh ip route
Codes: C - connected, S - static, R - RIP, B - BGP, BC - BGP connected
       D - DEIGRP, DEX - external DEIGRP, O - OSPF, OIA - OSPF inter area
       ON1 - OSPF NSSA external type 1, ON2 - OSPF NSSA external type 2
       OE1 - OSPF external type 1, OE2 - OSPF external type 2
       DHCP - DHCP type

VRF ID: 0

C       1.1.1.0/24          is directly connected, FastEthernet0/0
B       172.16.0.0/21       [20,0] via 1.1.1.2
C       192.168.1.0/24      is directly connected, Loopback0
A#
```

此时发现，路由表已经被简化了。

配置文档

------------------A------------------	------------------B------------------
A#sh ru	B#sh ru
Building configuration...	Building configuration...
Current configuration:	Current configuration:
!	!
!version 1.3.3G	!version 1.3.3G
service timestamps log date	service timestamps log date
service timestamps debug date	service timestamps debug date
no service password-encryption	no service password-encryption
!	!
hostname A	hostname B
!	!
gbsc group default	gbsc group default
!	!
interface Loopback0	interface Loopback0

（续）

ip address 192.168.1.1 255.255.255.0 no ip directed-broadcast ! interface FastEthernet0/0 ip address 1.1.1.1 255.255.255.0 no ip directed-broadcast ! interface FastEthernet0/1 no ip address no ip directed-broadcast ! interface Serial0/2 no ip address no ip directed-broadcast ! interface Serial0/3 no ip address no ip directed-broadcast ! interface Async0/0 no ip address no ip directed-broadcast router bgp 100 bgp log-neighbor-changes network 192.168.1.0/24 neighbor 1.1.1.2 remote-as 200	ip address 172.16.1.1 255.255.255.0 no ip directed-broadcast ! interface Loopback1 ip address 172.16.2.1 255.255.255.0 no ip directed-broadcast ! interface Loopback2 ip address 172.16.3.1 255.255.255.0 no ip directed-broadcast ! interface Loopback3 ip address 172.16.4.1 255.255.255.0 no ip directed-broadcast ! interface Loopback4 ip address 172.16.5.1 255.255.255.0 no ip directed-broadcast ! interface Loopback5 ip address 172.16.6.1 255.255.255.0 no ip directed-broadcast ! interface Loopback6 ip address 172.16.7.1 255.255.255.0 no ip directed-broadcast ! interface FastEthernet0/0 ip address 1.1.1.2 255.255.255.0 no ip directed-broadcast ! interface FastEthernet0/3 no ip address no ip directed-broadcast ! interface Serial0/1 no ip address no ip directed-broadcast ! interface Serial0/2 no ip address no ip directed-broadcast

（续）

	! interface Async0/0 no ip address no ip directed-broadcast ! router bgp 200 bgp log-neighbor-changes network 172.16.1.0/24 network 172.16.2.0/24 network 172.16.3.0/24 network 172.16.4.0/24 network 172.16.5.0/24 network 172.16.6.0/24 network 172.16.7.0/24 aggregate-address 172.16.0.0/21 summary-only neighbor 1.1.1.1 remote-as 100

共同思考

如果两台 BGP 路由器配置为 IBGP 邻居，是否还需要做地址汇聚？为什么？

课后练习

将 B 路由器的 loopback 接口再增加 5 个，再添加一条汇总地址命令，实现它。

实训二十四　BGP 属性控制选路

实训目的

1. 理解 BGP 选路过程
2. 深入理解属性含义
3. 掌握配置属性的方法

应用环境

BGP 路径属性决定其选路过程，所谓路径属性就是一系列衡量路由优劣的参数，这些参数有各自的优先级，在众多的可比项中，BGP 比较属性值的先后也决定了怎样形成自己的路由表。

常用的属性中，通常 BGP 按照如下的流程选择合适的路由写入路由表：

本地优先级→来自本路由器始发的→最短的 AS 路径→起源 code (IGP < EGP <Incomplete) →最小的 MED→EBGP 邻居学到的路由（优于 IBGP）→BGP 下一跳最短的路由→最小的邻居路由器 Router ID。

实训设备

1. 四台路由器
2. 若干网线

实训拓扑

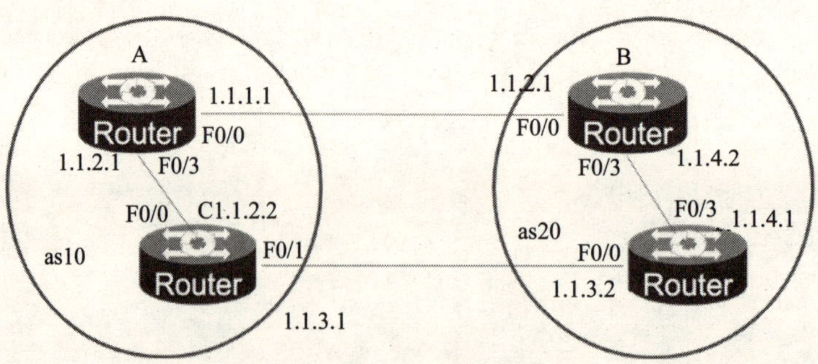

实训要求

1．配置四台路由器基础网络环境，并在每个 AS 内部使用 ospf 作为内部网关协议

2．启动 BGP 协议，并配置相应的 IBGP 和 EBGP

3．查看路由表，理解 BGP 属性的作用

4．使用命令更改 C 的本地优先级属性增大为 200，由于 A 默认优先级为 100，因此到达 1.1.4.0 网络的下一跳将会改变为 1.1.3.2

5．将 BGP 协议中的重分布修改为 network 语句指定每个网络，查看 BGP 路由表有何改变

实训步骤

1．配置基础环境

	A	B	C	D
F0/0	1.1.1.1/24	1.1.1.2/24	1.1.2.2/24	1.1.3.2/24
F0/1			1.1.3.1/24	
F0/3	1.1.2.1/24	1.1.4.2/24		1.1.4.1/24

```
----------------------------------A----------------------------------
Router_config#hostname A
A_config#interface fastEthernet 0/0
A_config_f0/0#ip address 1.1.1.1 255.255.255.0
A_config_f0/0#exit
A_config#interface fastEthernet 0/3
A_config_f0/3#ip address 1.1.2.1 255.255.255.0
A_config_f0/3#exit
A_config#router ospf 1
A_config_ospf_1#network 1.1.2.0 255.255.255.0 area 0
A_config_ospf_1#redistribute connect
A_config_ospf_1#exit
A_config#
----------------------------------B----------------------------------
Router_config#hostname B
B_config#interface fastEthernet 0/0
B_config_f0/0#ip add 1.1.1.2 255.255.255.0
B_config_f0/0#exit
B_config#interface fastEthernet 0/3
B_config_f0/3#ip address 1.1.4.2 255.255.255.0
B_config_f0/3#exit
```

```
B_config#router ospf 1
B_config_ospf_1#network 1.1.4.0 255.255.255.0 area 0
B_config_ospf_1#redistribute connect
B_config_ospf_1#exit
B_config#

----------------------------------C----------------------------------

Router_config#hostname C
C_config#interface fastEthernet 0/0
C_config_f0/0#ip address 1.1.2.2 255.255.255.0
C_config_f0/0#exit
C_config#interface fastEthernet 0/1
C_config_f0/1#ip address 1.1.3.1 255.255.255.0
C_config_f0/1#exit
C_config#router ospf 1
C_config_ospf_1#network 1.1.2.0 255.255.255.0 area 0
C_config_ospf_1#redistribute connect
C_config_ospf_1#exit
C_config#

----------------------------------D----------------------------------

Router_config#hostname D
D_config#interface fastEthernet 0/0
D_config_f0/0#ip address 1.1.3.2 255.255.255.0
D_config_f0/0#exit
D_config#interface fastEthernet 0/3
D_config_f0/3#ip address 1.1.4.1 255.255.255.0
D_config_f0/3#exit
D_config#router ospf 1
D_config_ospf_1#network 1.1.4.0 255.255.255.0 area 0
D_config_ospf_1#redistribute connect
D_config_ospf_1#exit
D_config#
```

测试连通性：

```
C#ping 1.1.2.2
PING 1.1.2.2 (1.1.2.2): 56 data bytes
!!!!!
--- 1.1.2.2 ping statistics ---
5 packets transmitted, 5 packets received, 0% packet loss
round-trip min/avg/max = 0/0/0 ms
```

```
C#ping 1.1.3.2
PING 1.1.3.2 (1.1.3.2): 56 data bytes
!!!!!
--- 1.1.3.2 ping statistics ---
5 packets transmitted, 5 packets received, 0% packet loss
round-trip min/avg/max = 0/0/0 ms
C#

B#ping 1.1.1.1
PING 1.1.1.1 (1.1.1.1): 56 data bytes
!!!!!
--- 1.1.1.1 ping statistics ---
5 packets transmitted, 5 packets received, 0% packet loss
round-trip min/avg/max = 0/0/0 ms

B#ping 1.1.4.1
PING 1.1.4.1 (1.1.4.1): 56 data bytes
!!!!!
--- 1.1.4.1 ping statistics ---
5 packets transmitted, 5 packets received, 0% packet loss
round-trip min/avg/max = 0/0/0 ms
B#
```

由此，我们得知，单条链路已经连通。

2. 配置 BGP 协议

```
------------------------------------A------------------------------------
A_config#router bgp 10
A_config_bgp#neighbor 1.1.1.2 remote-as 20
A_config_bgp#neighbor 1.1.2.2 remote-as 10
A_config_bgp#redistribute ospf 1
A_config_bgp#redistribute connected
A_config_bgp#no synchronization
A_config_bgp#exit
A_config#

------------------------------------B------------------------------------
B#config
B_config#router bgp 20
B_config_bgp#neighbor 1.1.1.1 remote-as 10
B_config_bgp#neighbor 1.1.4.1 remote-as 20
```

```
B_config_bgp#redistribute connected
B_config_bgp#redistribute ospf 1
B_config_bgp#no synchronization
B_config_bgp#exit
B_config#exit
```

------------------------------------C------------------------------------

```
C#config
C_config#router bgp 10
C_config_bgp#neighbor 1.1.2.1 remote-as 10
C_config_bgp#neighbor 1.1.3.2 remote-as 20
C_config_bgp#redistribute ospf 1
C_config_bgp#redistribute connected
C_config_bgp#no synchronization
C_config_bgp#exit
C_config#exit
```

------------------------------------D------------------------------------

```
D_config#router bgp 20
D_config_bgp#neighbor 1.1.4.2 remote-as 20
D_config_bgp#neighbor 1.1.3.1 remote-as 10
D_config_bgp#redistribute ospf 1
D_config_bgp#redistribute connected
D_config_bgp#no synchronization
D_config_bgp#exit
D_config#exit
```

查看当前路由表：

```
A#sh ip route
Codes: C - connected, S - static, R - RIP, B - BGP, BC - BGP connected
       D - DEIGRP, DEX - external DEIGRP, O - OSPF, OIA - OSPF inter area
       ON1 - OSPF NSSA external type 1, ON2 - OSPF NSSA external type 2
       OE1 - OSPF external type 1, OE2 - OSPF external type 2
       DHCP - DHCP type

VRF ID: 0

C      1.1.1.0/24        is directly connected, FastEthernet0/0
C      1.1.2.0/24        is directly connected, FastEthernet0/3
B      1.1.3.0/24        [20,0] via 1.1.1.2
B      1.1.4.0/24        [20,0] via 1.1.1.2
```

```
A#
B#sh ip route
Codes: C - connected, S - static, R - RIP, B - BGP, BC - BGP connected
       D - DEIGRP, DEX - external DEIGRP, O - OSPF, OIA - OSPF inter area
       ON1 - OSPF NSSA external type 1, ON2 - OSPF NSSA external type 2
       OE1 - OSPF external type 1, OE2 - OSPF external type 2
       DHCP - DHCP type

VRF ID: 0

C     1.1.1.0/24     is directly connected, FastEthernet0/0
B     1.1.2.0/24     [20,0] via 1.1.1.1
B     1.1.3.0/24     [20,0] via 1.1.1.1
C     1.1.4.0/24     is directly connected, FastEthernet0/3
B#

C#sh ip route
Codes: C - connected, S - static, R - RIP, B - BGP, BC - BGP connected
       D - DEIGRP, DEX - external DEIGRP, O - OSPF, OIA - OSPF inter area
       ON1 - OSPF NSSA external type 1, ON2 - OSPF NSSA external type 2
       OE1 - OSPF external type 1, OE2 - OSPF external type 2
       DHCP - DHCP type

VRF ID: 0

B     1.1.1.0/24     [20,0] via 1.1.3.2
C     1.1.2.0/24     is directly connected, FastEthernet0/0
C     1.1.3.0/24     is directly connected, FastEthernet0/1
B     1.1.4.0/24     [20,0] via 1.1.3.2

D#sh ip route
Codes: C - connected, S - static, R - RIP, B - BGP, BC - BGP connected
       D - DEIGRP, DEX - external DEIGRP, O - OSPF, OIA - OSPF inter area
       ON1 - OSPF NSSA external type 1, ON2 - OSPF NSSA external type 2
       OE1 - OSPF external type 1, OE2 - OSPF external type 2
       DHCP - DHCP type

VRF ID: 0

O E2  1.1.1.0/24     [150,100] via 1.1.4.2(on FastEthernet0/3)
B     1.1.2.0/24     [20,0] via 1.1.3.1
```

```
C        1.1.3.0/24          is directly connected, FastEthernet0/0
C        1.1.4.0/24          is directly connected, FastEthernet0/3
D#
```

查看 BGP 路由表：

```
A#sh ip bgp
BGP table version is 0, local router ID is 1.1.2.1
Status codes: s suppressed, d damped, h history, * valid, > best, i - internal
Origin codes: i - IGP, e - EGP, ? - incomplete

   Network              Next Hop          Metric LocPrf Weight Path
*> 1.1.1.0/24           0.0.0.0                          32768 ?
*                       1.1.1.2                              0 20 ?
*> 1.1.2.0/24           0.0.0.0                          32768 ?
*> 1.1.3.0/24           1.1.1.2                              0 20 ?
*> 1.1.4.0/24           1.1.1.2                              0 20 ?

Total number of prefixes 4
A#

B#sh ip bgp
BGP table version is 0, local router ID is 1.1.4.2
Status codes: s suppressed, d damped, h history, * valid, > best, i - internal
Origin codes: i - IGP, e - EGP, ? - incomplete

   Network              Next Hop          Metric LocPrf Weight Path
*  1.1.1.0/24           1.1.1.1                              0 10 ?
*>                      0.0.0.0                          32768 ?
* i1.1.2.0/24           1.1.3.1                  100         0 10 ?
*>                      1.1.1.1                              0 10 ?
*>i1.1.3.0/24           1.1.4.1                  100         0 ?
* i1.1.4.0/24           1.1.4.1                  100         0 ?
*>                      0.0.0.0                          32768 ?

Total number of prefixes 4
B#

C#sh ip bgp
BGP table version is 0, local router ID is 1.1.3.1
Status codes: s suppressed, d damped, h history, * valid, > best, i - internal
Origin codes: i - IGP, e - EGP, ? - incomplete
```

```
    Network            Next Hop          Metric LocPrf Weight Path
*> 1.1.1.0/24          1.1.3.2                          0 20 ?
*> 1.1.2.0/24          0.0.0.0                      32768 ?
*   1.1.3.0/24         1.1.3.2                          0 20 ?
*>                     0.0.0.0                      32768 ?
*> 1.1.4.0/24          1.1.3.2                          0 20 ?

Total number of prefixes 4
C#

D#sh ip bgp
BGP table version is 0, local router ID is 1.1.4.1
Status codes: s suppressed, d damped, h history, * valid, > best, i - internal
Origin codes: i - IGP, e - EGP, ? - incomplete

    Network            Next Hop          Metric LocPrf Weight Path
*>i1.1.1.0/24          1.1.4.2                  100         0 ?
*> 1.1.2.0/24          1.1.3.1                              0 10 ?
* i                    1.1.1.1                  100         0 10 ?
*   1.1.3.0/24         1.1.3.1                              0 10 ?
*>                     0.0.0.0                          32768 ?
*> 1.1.4.0/24          0.0.0.0                          32768 ?
* i                    1.1.4.2                  100         0 ?

Total number of prefixes 4
D#
```

3. 修改路由属性

使用命令更改 C 的本地优先级属性增大为 200，由于 A 默认优先级为 100，因此 A 到达 1.1.4.0 网络的下一跳将会改变为 1.1.3.2。

过程如下：

```
C_config#router bgp 10
C_config_bgp#bgp default local-preference 200
C_config_bgp#exit
```

此时查看 A 的 BGP 路由表，如下：

```
A#sh ip bgp
BGP table version is 0, local router ID is 1.1.2.1
Status codes: s suppressed, d damped, h history, * valid, > best, i - internal
Origin codes: i - IGP, e - EGP, ? - incomplete
```

```
   Network              Next Hop     Metric LocPrf Weight Path
* i1.1.1.0/24           1.1.3.2             200        0 20 ?
*>                      0.0.0.0                    32768 ?
*                       1.1.1.2                        0 20 ?
* i1.1.2.0/24           1.1.2.2             200        0 ?
*>                      0.0.0.0                    32768 ?
* i1.1.3.0/24           1.1.2.2             200        0 ?
*>                      1.1.1.2                        0 20 ?
* i1.1.4.0/24           1.1.3.2             200        0 20 ?
*>                      1.1.1.2                        0 20 ?

Total number of prefixes 4
A#
A#
```

注意到已经将这条路由写入了 BGP 路由表中。

修改第二步中 B 使用的重分布命令，改为 network 命令将路由表中的网段发布，查看其他路由表有哪些变化。

过程如下：

```
D#sh ip route
Codes: C - connected, S - static, R - RIP, B - BGP, BC - BGP connected
       D - DEIGRP, DEX - external DEIGRP, O - OSPF, OIA - OSPF inter area
       ON1 - OSPF NSSA external type 1, ON2 - OSPF NSSA external type 2
       OE1 - OSPF external type 1, OE2 - OSPF external type 2
       DHCP - DHCP type

VRF ID: 0

O E2    1.1.1.0/24         [150,100] via 1.1.4.2(on FastEthernet0/3)
B       1.1.2.0/24         [20,0] via 1.1.3.1
C       1.1.3.0/24         is directly connected, FastEthernet0/0
C       1.1.4.0/24         is directly connected, FastEthernet0/3
D#
```

此时 D 的路由表有所变化，再次查看其他路由表，如下：

```
A#sh ip route
Codes: C - connected, S - static, R - RIP, B - BGP, BC - BGP connected
       D - DEIGRP, DEX - external DEIGRP, O - OSPF, OIA - OSPF inter area
       ON1 - OSPF NSSA external type 1, ON2 - OSPF NSSA external type 2
       OE1 - OSPF external type 1, OE2 - OSPF external type 2
```

```
        DHCP - DHCP type

VRF ID: 0

C       1.1.1.0/24          is directly connected, FastEthernet0/0
C       1.1.2.0/24          is directly connected, FastEthernet0/3
O E2    1.1.3.0/24          [150,100] via 1.1.2.2(on FastEthernet0/3)
B       1.1.4.0/24          [200,0] via 1.1.3.2
A#
C_config#sh ip route
Codes: C - connected, S - static, R - RIP, B - BGP, BC - BGP connected
        D - DEIGRP, DEX - external DEIGRP, O - OSPF, OIA - OSPF inter area
        ON1 - OSPF NSSA external type 1, ON2 - OSPF NSSA external type 2
        OE1 - OSPF external type 1, OE2 - OSPF external type 2
        DHCP - DHCP type

VRF ID: 0

O E2    1.1.1.0/24          [150,100] via 1.1.2.1(on FastEthernet0/0)
C       1.1.2.0/24          is directly connected, FastEthernet0/0
C       1.1.3.0/24          is directly connected, FastEthernet0/1
B       1.1.4.0/24          [20,0] via 1.1.3.2
C_config#
```

进一步查看 BGP 路由，如下：

```
C#sh ip bgp
BGP table version is 0, local router ID is 1.1.3.1
Status codes: s suppressed, d damped, h history, * valid, > best, i - internal
Origin codes: i - IGP, e - EGP, ? - incomplete

   Network            Next Hop          Metric LocPrf Weight Path
*  1.1.1.0/24         1.1.3.2                          0 20 i
*>i                   1.1.2.1                  100       0 ?
* i1.1.2.0/24         1.1.2.1                  100       0 ?
*>                    0.0.0.0                        32768 ?
*  1.1.3.0/24         1.1.3.2                          0 20 ?
*>                    0.0.0.0                        32768 ?
*> 1.1.4.0/24         1.1.3.2                          0 20 ?

Total number of prefixes 4
C#
```

```
A#sh ip bgp
BGP table version is 0, local router ID is 1.1.2.1
Status codes: s suppressed, d damped, h history, * valid, > best, i - internal
Origin codes: i - IGP, e - EGP, ? - incomplete

   Network          Next Hop            Metric LocPrf Weight Path
*  1.1.1.0/24       1.1.1.2                           0 20 i
*>                  0.0.0.0                       32768 ?
* i1.1.2.0/24       1.1.2.2                  100      0 ?
*>                  0.0.0.0                       32768 ?
*>i1.1.3.0/24       1.1.2.2                  100      0 ?
*>i1.1.4.0/24       1.1.3.2                  100      0 20 ?

Total number of prefixes 4
A#
```

```
B#sh ip bgp
BGP table version is 0, local router ID is 1.1.4.2
Status codes: s suppressed, d damped, h history, * valid, > best, i - internal
Origin codes: i - IGP, e - EGP, ? - incomplete

   Network          Next Hop            Metric LocPrf Weight Path
*  1.1.1.0/24       1.1.1.1                           0 10 ?
*>                  0.0.0.0                       32768 i
* i1.1.2.0/24       1.1.3.1                  100      0 10 ?
*>                  1.1.1.1                           0 10 ?
* i1.1.3.0/24       1.1.4.1                  100      0 ?
*>                  1.1.1.1                           0 10 ?
*> 1.1.4.0/24       0.0.0.0                       32768 i
* i                 1.1.4.1                  100      0 ?

Total number of prefixes 4
B#
```

```
D#sh ip bgp
BGP table version is 0, local router ID is 1.1.4.1
Status codes: s suppressed, d damped, h history, * valid, > best, i - internal
Origin codes: i - IGP, e - EGP, ? - incomplete

   Network          Next Hop            Metric LocPrf Weight Path
*>i1.1.1.0/24       1.1.4.2                  100      0 i
```

```
*                        1.1.3.1                              0 10 ?
* i1.1.2.0/24        1.1.1.1              100         0 10 ?
*>                       1.1.3.1                              0 10 ?
* i1.1.3.0/24        1.1.1.1              100         0 10 ?
*                        1.1.3.1                              0 10 ?
*>                       0.0.0.0                          32768 ?
* i1.1.4.0/24        1.1.4.2              100         0 i
*>                       0.0.0.0                          32768 ?

Total number of prefixes 4
D#
```

注意事项和排错

注意：此时的 OSPF 协议没有将左、右网络都添加，是因为要区分不同的自治系统。

配置文档

```
--------------------A--------------------
A#sh ru
Building configuration...

Current configuration:
!
!version 1.3.3G
service timestamps log date
service timestamps debug date
no service password-encryption
!
hostname A
!
gbsc group default
!
 --More-- Jan   1 00:05:00 Configured from console
0 by UNKNOWN
!
interface FastEthernet0/0
  ip address 1.1.1.1 255.255.255.0
  no ip directed-broadcast
```

```
--------------------B--------------------
B#sh ru
Building configuration...

Current configuration:
!
!version 1.3.3G
service timestamps log date
service timestamps debug date
no service password-encryption
!
hostname B
!
gbsc group default
!
interface FastEthernet0/0
  ip address 1.1.1.2 255.255.255.0
  no ip directed-broadcast
!
interface FastEthernet0/3
  ip address 1.1.4.2 255.255.255.0
```

（续）

<table>
<tr><td>

```
!
interface FastEthernet0/3
 ip address 1.1.2.1 255.255.255.0
 no ip directed-broadcast
!
interface Serial0/1
 no ip address
 no ip directed-broadcast
!
interface Serial0/2
 no ip address
 no ip directed-broadcast
!
interface Async0/0
 no ip address
 no ip directed-broadcast
!
router ospf 1
 network 1.1.2.0 255.255.255.0 area 0
 redistribute connect
!
router bgp 10
 no synchronization
 bgp log-neighbor-changes
 redistribute connected
 redistribute ospf 1
 neighbor 1.1.1.2 remote-as 20
 neighbor 1.1.2.2 remote-as 10
!
```

</td><td>

```
 no ip directed-broadcast
!
interface Serial0/1
 no ip address
 no ip directed-broadcast
!
interface Serial0/2
 no ip address
 no ip directed-broadcast
!
interface Async0/0
 no ip address
 no ip directed-broadcast
!
router ospf 1
 network 1.1.4.0 255.255.255.0 area 0
 redistribute connect
!
router bgp 20
 bgp log-neighbor-changes
 network 1.1.1.0/24
 network 1.1.3.0/24
 network 1.1.4.0/24
 neighbor 1.1.1.1 remote-as 10
 neighbor 1.1.4.1 remote-as 20
!
```

</td></tr>
<tr><td>

```
--------------------C--------------------
C#sh ru
Building configuration...

Current configuration:
!
!version 1.3.3G
service timestamps log date
service timestamps debug date
no service password-encryption
!
hostname C
!
```

</td><td>

```
--------------------D--------------------
D#sh ru
Building configuration...

Current configuration:
!
!version 1.3.3G
service timestamps log date
service timestamps debug date
no service password-encryption
!
hostname D
!
```

</td></tr>
</table>

（续）

gbsc group default ! interface FastEthernet0/0 ip address 1.1.2.2 255.255.255.0 no ip directed-broadcast ! interface FastEthernet0/1 ip address 1.1.3.1 255.255.255.0 no ip directed-broadcast ! interface Serial0/2 no ip address no ip directed-broadcast ! interface Serial0/3 no ip address no ip directed-broadcast ! interface Async0/0 no ip address no ip directed-broadcast ! router ospf 1 network 1.1.2.0 255.255.255.0 area 0 redistribute connect ! router bgp 10 no synchronization bgp log-neighbor-changes redistribute connected redistribute ospf 1 neighbor 1.1.2.1 remote-as 10 neighbor 1.1.3.2 remote-as 20 !	gbsc group default ! interface FastEthernet0/0 ip address 1.1.3.2 255.255.255.0 no ip directed-broadcast ! interface FastEthernet0/3 ip address 1.1.4.1 255.255.255.0 no ip directed-broadcast ! interface Serial0/1 no ip address no ip directed-broadcast ! interface Serial0/2 no ip address no ip directed-broadcast ! interface Async0/0 no ip address no ip directed-broadcast ! router ospf 1 network 1.1.4.0 255.255.255.0 area 0 redistribute connect ! router bgp 20 no synchronization bgp log-neighbor-changes redistribute connected redistribute ospf 1 neighbor 1.1.3.1 remote-as 10 neighbor 1.1.4.2 remote-as 20 !

共同思考

为什么 BGP 路由表和 IGP 路由表并列存在，而不是合二为一呢？

课后练习

在 B 和 C 之间增加一个链路，重做本实训，结果是否有变化？

实训二十五 BGP 路由反射器配置

实训目的

1. 理解路由反射器的作用
2. 深入理解路由同步等概念
3. 掌握 BGP 反射器的配置方法

应用环境

配置了 BGP 路由反射器，就不再需要全互连的 IBGP 对等体。路由反射器被允许向其他 IBGP 对等体传输 IBGP 路由。当内部邻居命令语句数量过多时，ISP 就会采用路由反射器技术。路由反射器通过让主要路由器给它们的路由反射器客户复制路由更新来减少 AS 内 BGP 邻居关系的数量（这样可以减少 T CP 连接）。

实训设备

1. 四台路由器
2. 若干网线

实训拓扑

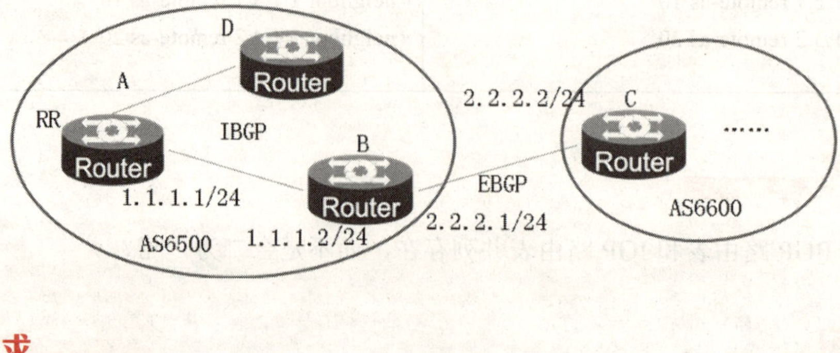

实训要求

1. 配置基础网络环境，配置 A\B\D 为 AS6500 的 BGP 路由器，它们为 IBGP 邻居，C

在 AS6600 中，与 B 建立 EBGP 邻居关系

2．此时查看 A\B\D 的路由表，发现什么问题

3．将 A 配置为路由反射器，再次查看路由表，有什么变化

实训步骤

1．配置基础网络环境

```
----------------------------A----------------------------
Router_config#hostname A
A_config#interface fastEthernet 0/0
A_config_f0/0#ip address 3.3.3.1 255.255.255.0
A_config_f0/0#exit
A_config#interface fastEthernet 0/3
A_config_f0/3#ip address 1.1.1.1 255.255.255.0
A_config_f0/3#exit
A_config#router ospf 1
A_config_ospf_1#network 1.1.1.0 255.255.255.0 area 0
A_config_ospf_1#network 3.3.3.0 255.255.255.0 area 0
A_config_ospf_1#exit
A_config#
----------------------------B----------------------------
Router_config#hostname B
B_config#interface fastEthernet 0/0
B_config_f0/0#ip address 1.1.1.2 255.255.255.0
B_config_f0/0#exit
B_config#interface fastEthernet 0/3
B_config_f0/3#ip address 2.2.2.1 255.255.255.0
B_config_f0/3#exit
B_config#router ospf 1
B_config_ospf_1#network 1.1.1.0 255.255.255.0 area 0
B_config_ospf_1#redistribute connect
B_config_ospf_1#exit
----------------------------C----------------------------
Router_config#hostname C
C_config#interface fastEthernet 0/0
C_config_f0/0#ip address 2.2.2.2 255.255.255.0
```

```
-----------------------------D-----------------------------
Router_config#hostname D
D_config#interface fastEthernet 0/0
D_config_f0/0#ip add 3.3.3.2 255.255.255.0
D_config_f0/0#exit
D_config#interface loopback 0
D_config_l0#ip add 192.168.4.1 255.255.255.0
D_config_l0#exit
D_config#router ospf 1
D_config_ospf_1#network 3.3.3.0 255.255.255.0 area 0
D_config_ospf_1#redistribute connect
D_config_ospf_1#exit
```

测试连通性如下：

```
B#ping 2.2.2.2
PING 2.2.2.2 (2.2.2.2): 56 data bytes
!!!!!
--- 2.2.2.2 ping statistics ---
5 packets transmitted, 5 packets received, 0% packet loss
round-trip min/avg/max = 0/0/0 ms
B#
B#ping Jan    1 00:07:31 Configured from console 0 by UNKNOWN
1.1.1.1
PING 1.1.1.1 (1.1.1.1): 56 data bytes
!!!!!
--- 1.1.1.1 ping statistics ---
5 packets transmitted, 5 packets received, 0% packet loss
round-trip min/avg/max = 0/0/0 ms
B#
D#ping 3.3.3.1
PING 3.3.3.1 (3.3.3.1): 56 data bytes
!!!!!
--- 3.3.3.1 ping statistics ---
5 packets transmitted, 5 packets received, 0% packet loss
round-trip min/avg/max = 0/0/0 ms
D#
```

2．配置 BGP 环境

过程如下：

```
-----------------------------A-----------------------------
A#config
A_config#router bgp 6500
A_config_bgp#neighbor 1.1.1.2 remote-as 6500
A_config_bgp#neighbor 3.3.3.2 remote-as 6500
A_config_bgp#network 1.1.1.0/24
A_config_bgp#network 3.3.3.0/24
A_config_bgp#network 192.168.4.0/24
A_config_bgp#exit
A_config#
-----------------------------B-----------------------------
B#config
B_config#router bgp 6500
B_config_bgp#neighbor 1.1.1.1 remote-as 6500
B_config_bgp#neighbor 2.2.2.2 remote-as 6600
B_config_bgp#network 1.1.1.0/24
B_config_bgp#network 2.2.2.0/24
B_config_bgp#network 3.3.3.0/24
B_config_bgp#network 192.168.4.0/24
B_config_bgp#no synchronization
B_config_bgp#exit
-----------------------------C-----------------------------
C#config
C_config#router bgp 6600
C_config_bgp#neighbor 2.2.2.1 remote-as 6500
C_config_bgp#network 2.2.2.0/24
C_config_bgp#exit
C_config#exit
-----------------------------D-----------------------------
D_config#router bgp 6500
D_config_bgp#neighbor 3.3.3.1 remote-as 6500
D_config_bgp#network 1.1.1.0/24
D_config_bgp#network 2.2.2.0/24
D_config_bgp#network 3.3.3.0/24
D_config_bgp#network 192.168.4.0/24
D_config_bgp#no synchronization
D_config_bgp#exit
D_config#exit
```

D#

查看路由表

------------------------------A------------------------------

```
A#sh ip route
Codes: C - connected, S - static, R - RIP, B - BGP, BC - BGP connected
       D - DEIGRP, DEX - external DEIGRP, O - OSPF, OIA - OSPF inter area
       ON1 - OSPF NSSA external type 1, ON2 - OSPF NSSA external type 2
       OE1 - OSPF external type 1, OE2 - OSPF external type 2
       DHCP - DHCP type

VRF ID: 0

C       1.1.1.0/24          is directly connected, FastEthernet0/3
O E2    2.2.2.0/24          [150,100] via 1.1.1.2(on FastEthernet0/3)
C       3.3.3.0/24          is directly connected, FastEthernet0/0
B       192.168.3.0/24      [200,0] via 2.2.2.2
O E2    192.168.4.0/24      [150,100] via 3.3.3.2(on FastEthernet0/0)
```

------------------------------B------------------------------

```
B#sh ip route
Codes: C - connected, S - static, R - RIP, B - BGP, BC - BGP connected
       D - DEIGRP, DEX - external DEIGRP, O - OSPF, OIA - OSPF inter area
       ON1 - OSPF NSSA external type 1, ON2 - OSPF NSSA external type 2
       OE1 - OSPF external type 1, OE2 - OSPF external type 2
       DHCP - DHCP type

VRF ID: 0

C       1.1.1.0/24          is directly connected, FastEthernet0/0
C       2.2.2.0/24          is directly connected, FastEthernet0/3
O       3.3.3.0/24          [110,2] via 1.1.1.1(on FastEthernet0/0)
B       192.168.3.0/24      [20,0] via 2.2.2.2
O E2    192.168.4.0/24      [150,100] via 1.1.1.1(on FastEthernet0/0)
B#
```

------------------------------C------------------------------

```
C#sh ip route
Codes: C - connected, S - static, R - RIP, B - BGP, BC - BGP connected
       D - DEIGRP, DEX - external DEIGRP, O - OSPF, OIA - OSPF inter area
       ON1 - OSPF NSSA external type 1, ON2 - OSPF NSSA external type 2
       OE1 - OSPF external type 1, OE2 - OSPF external type 2
```

```
        DHCP - DHCP type

VRF ID: 0

B       1.1.1.0/24          [20,0] via 2.2.2.1
C       2.2.2.0/24          is directly connected, FastEthernet0/0
B       3.3.3.0/24          [20,0] via 2.2.2.1
C       192.168.3.0/24      is directly connected, Loopback0
B       192.168.4.0/24      [20,0] via 2.2.2.1
C#
-----------------------------D-----------------------------
D#sh ip route
Codes: C - connected, S - static, R - RIP, B - BGP, BC - BGP connected
        D - DEIGRP, DEX - external DEIGRP, O - OSPF, OIA - OSPF inter area
        ON1 - OSPF NSSA external type 1, ON2 - OSPF NSSA external type 2
        OE1 - OSPF external type 1, OE2 - OSPF external type 2
        DHCP - DHCP type

VRF ID: 0

O       1.1.1.0/24          [110,2] via 3.3.3.1(on FastEthernet0/0)
O E2    2.2.2.0/24          [150,100] via 3.3.3.1(on FastEthernet0/0)
C       3.3.3.0/24          is directly connected, FastEthernet0/0
C       192.168.4.0/24      is directly connected, Loopback0
D#
```

D 中缺少 AS 外的路由，这是由于 IBGP 的特性决定的，需要使用路由反射器来解决，本实训中 A 可以做为路由反射器，配置如下。

3. 配置路由反射器

```
A_config#router bgp 6500
A_config_bgp#neighbor 3.3.3.2 route-reflector-client
A_config_bgp#neighbor 1.1.1.2 route-reflector-client
```

再次查看路由器 D 的路由，如下：

```
D#sh ip route
Codes: C - connected, S - static, R - RIP, B - BGP, BC - BGP connected
        D - DEIGRP, DEX - external DEIGRP, O - OSPF, OIA - OSPF inter area
        ON1 - OSPF NSSA external type 1, ON2 - OSPF NSSA external type 2
        OE1 - OSPF external type 1, OE2 - OSPF external type 2
        DHCP - DHCP type
```

```
VRF ID: 0

B       1.1.1.0/24          [200,0] via 3.3.3.1
B       2.2.2.0/24          [200,0] via 1.1.1.2
C       3.3.3.0/24          is directly connected, FastEthernet0/0
B       192.168.3.0/24      [200,0] via 2.2.2.2
C       192.168.4.0/24      is directly connected, Loopback0
D#
```

注意事项和排错

略。

配置文档

------------------A------------------	------------------B------------------

A#SH RU
Building configuration...
 	
Current configuration:
!
!version 1.3.3G
service timestamps log date
service timestamps debug date
no service password-encryption
!
hostname A
!
gbsc group default
!
interface FastEthernet0/0
  ip address 3.3.3.1 255.255.255.0
  no ip directed-broadcast
!
interface FastEthernet0/3
  ip address 1.1.1.1 255.255.255.0
  no ip directed-broadcast
!
interface Serial0/1
  no ip address
  no ip directed-broadcast
	B#sh ru
	Building configuration...
	
	Current configuration:
	!
	!version 1.3.3G
	service timestamps log date
	service timestamps debug date
	no service password-encryption
	!
	hostname B
	!
	gbsc group default
	!
	interface FastEthernet0/0
	  ip address 1.1.1.2 255.255.255.0
	  no ip directed-broadcast
	!
	interface FastEthernet0/3
	  ip address 2.2.2.1 255.255.255.0
	  no ip directed-broadcast
	!
	interface Serial0/1
	  no ip address
	  no ip directed-broadcast

（续）

! interface Serial0/2 no ip address no ip directed-broadcast ! interface Async0/0 no ip address no ip directed-broadcast ! router ospf 1 network 1.1.1.0 255.255.255.0 area 0 network 3.3.3.0 255.255.255.0 area 0 ! router bgp 6500 no synchronization bgp log-neighbor-changes network 1.1.1.0/24 network 3.3.3.0/24 network 192.168.4.0/24 neighbor 1.1.1.2 remote-as 6500 neighbor 1.1.1.2 route-reflector-client neighbor 3.3.3.2 remote-as 6500 neighbor 3.3.3.2 route-reflector-client !	! interface Serial0/2 no ip address no ip directed-broadcast ! interface Async0/0 no ip address no ip directed-broadcast ! router ospf 1 network 1.1.1.0 255.255.255.0 area 0 redistribute connect ! router bgp 6500 no synchronization bgp log-neighbor-changes network 1.1.1.0/24 network 2.2.2.0/24 network 3.3.3.0/24 network 192.168.4.0/24 neighbor 1.1.1.1 remote-as 6500 neighbor 2.2.2.2 remote-as 6600 !
------------------C------------------ C#sh ru Building configuration... Current configuration: ! !version 1.3.3G service timestamps log date service timestamps debug date no service password-encryption ! hostname C ! gbsc group default ! interface Loopback0 ip address 192.168.3.1 255.255.255.0 no ip directed-broadcast	------------------D------------------ D#sh ru Building configuration... Current configuration: ! !version 1.3.3G service timestamps log date service timestamps debug date no service password-encryption ! hostname D ! gbsc group default ! interface Loopback0 ip address 192.168.4.1 255.255.255.0 no ip directed-broadcast

（续）

!	!
interface FastEthernet0/0 ip address 2.2.2.2 255.255.255.0 no ip directed-broadcast ! interface FastEthernet0/1 no ip address no ip directed-broadcast ! interface Serial0/2 no ip address no ip directed-broadcast ! interface Serial0/3 no ip address no ip directed-broadcast ! interface Async0/0 no ip address no ip directed-broadcast ! router bgp 6600 bgp log-neighbor-changes network 2.2.2.0/24 network 192.168.3.0/24 neighbor 2.2.2.1 remote-as 6500 !	interface FastEthernet0/0 ip address 3.3.3.2 255.255.255.0 no ip directed-broadcast ! interface FastEthernet0/3 no ip address no ip directed-broadcast ! interface Serial0/1 no ip address no ip directed-broadcast ! interface Serial0/2 no ip address no ip directed-broadcast ! interface Async0/0 no ip address no ip directed-broadcast ! router ospf 1 network 3.3.3.0 255.255.255.0 area 0 redistribute connect ! router bgp 6500 no synchronization bgp log-neighbor-changes network 1.1.1.0/24 network 2.2.2.0/24 network 3.3.3.0/24 network 192.168.4.0/24 neighbor 3.3.3.1 remote-as 6500

共同思考

略。

课后练习

略。